中华砚文化汇典

中华炎黄文化研究会砚文化工作委员会 主编

砚 谱 卷

归云楼砚谱新编

人民美术出版社
北京

《中华砚文化汇典》
编撰说明

一、《中华砚文化汇典》(以下简称《汇典》)是由中华炎黄文化研究会主导、中华炎黄文化研究会砚文化委员会主编的重点文化工程，启动于 2012 年 7 月，由时任中华炎黄文化研究会副会长、砚文化联合会会长的刘红军倡议发起并组织实施。指导思想是：贯彻落实党中央关于弘扬中华优秀传统文化一系列指示精神，系统挖掘和整理我国丰富的砚文化资源，对中华砚文化中具有代表性和经典的内容进行梳理归纳，力求全面系统、完整齐备，尽力打造一部有史以来内容最为丰富、涵括最为全面、卷帙最为浩瀚的中华砚文化大百科全书，以填补中华优秀传统文化的空白，为实现中华民族伟大复兴的中国梦做出应有贡献。

二、全书共分八卷，每卷设基本书目若干册，分别为：《砚史卷》，基本内容为历史脉络、时代风格、资源演变、代表著作、代表人物、代表砚台等；《藏砚卷》，基本内容为博物馆藏砚、民间藏砚；《文献卷》，基本内容为文献介绍、文献原文、生僻字注音、校注点评等；《砚谱卷》，基本内容为砚谱介绍、砚谱作者介绍、砚谱文字介绍、砚上文字解释等；《砚种卷》，基本内容为产地历史沿革、材料特性、地质构造、资源分布、资源演变等；《工艺卷》，基本内容为工艺原则、工艺标准、工艺传统、工艺演变、工具及砚盒制作等；《铭文卷》，基本内容为铭文作者介绍、铭文、铭文注释等；《传记卷》，基本内容为人物生平、人物砚事、人物评价等。

三、此书编审委员会成员由著名学者、专家组成。名誉主任许嘉璐是第九、十届全国人民代表大会常务委员会副委员长，中华炎黄文化研究会会长，并为此书作总序。九名编审委员都是在我国政治、历史、文化、专业方面有重要成果的专家或知名学者。

四、此书编撰委员会设主任委员、副主任委员、学术顾问和委员若干人，每卷设编撰负责人和作者。所有作者都是经过严格认真筛选、反复研究论证确定的。他们都是我国砚文化领域的行家，还有的是亚太地区手工艺大师、中国工艺美术大师等，他们长年坚守在弘扬中华砚文化的第一线，有着丰富的实践经验和大量的研究成果。

五、此书编务委员会成员主要由砚文化委员会的常务委员、工作人员等组成。他们在书籍的撰写和出版过程中，做了大量的组织协调和具体落实工作。

六、在《汇典》的编撰过程中，主要坚持三个原则：一是全面系统真实的原则。要求编撰人员站在整个中华砚文化全局的高度思考问题，不为某个地域或某些个人争得失，最大限度搜集整理砚文化历史资料，广泛征求砚界专家学者意见，力求全面、系统、真实。二是既尊重历史，又尊重现实的原则。砚台基本是按砚材产地来命名的，然后再论及坑口、质地、色泽和石品。由于我国行政区域的不断划分，有些砚种究竟属于哪个地方，出现了一些争议，但编撰中我们始终坚持客观反映历史和现实，防止以偏概全。三是求同存异的原则。对已有充分论据、大多人认可的就明确下来；对有不同看法又一时难以搞清的，就把两种观点摆出来，留给读者和后人参考借鉴，修改完善。依据上述三条原则，尽力考察核实，客观反映历史和现实。

参与《汇典》编撰的砚界专家、学者和工作人员近百人，几年来，大家查阅收集了大量资料，进行了深入调查研究，广泛征求了意见建议，尽心尽责编撰成稿。但由于中华砚文化历史跨度大，涉及范围广，可参考资料少，加之编撰人员能力水平有限，书中难免有粗疏错漏等不尽如人意的地方，希望广大读者理解包容并批评指正。

《中华砚文化汇典》
总　序

　　砚，作为中华民族独创的"文房四宝"之一，源于原始社会的研磨器，在秦汉时期正式与笔墨结合，于唐宋时期产生了四大名砚，又在明清时期逐步由实用品转化为艺术品，达到了发展的巅峰。

　　砚，集文学、书法、绘画、雕刻于一身，浓缩了中华民族各朝代政治、经济、文化、科技乃至地域风情、民风习俗、审美情趣等信息，蕴含着民族的智慧，具有历史价值、艺术价值、使用价值、欣赏价值、研究价值和收藏价值，是华夏文化艺术殿堂中一朵绚丽夺目的奇葩。

　　自古以来，用砚、爱砚、藏砚、说砚者多，而综合历史、社会、文化及地质等门类的知识并对其加以研究的人却不多。怀着对中国传统文化传承与发展的责任感和使命感，中华炎黄文化研究会砚文化委员会整合我国砚界人才，深入挖掘，系统整理，认真审核，组织编撰了八卷五十余册洋洋大观的《中华砚文化汇典》。

　　《中华砚文化汇典》不啻为我国首部砚文化"百科全书"，既对砚文化璀璨的历史进行了梳理和总结，又对当代砚文化的现状和研究成果作了较充分的记录与展示，既具有较高的学术性，又具有向大众普及的功能。希望它能激发和推动今后砚学的研究走向热络和深入，从而激发砚及其文化的创新发展。

　　砚，作为传统文化的物质载体之一，既雅且俗，可赏可用，散布于南北，通用于东西。《中华砚文化汇典》的出版或可促使砚及其文化成为沟通世界华人和异国爱好者的又一桥梁和渠道。

许嘉璐

2018 年 5 月 29 日

《砚谱卷》
总　序

　　谱，字典的解释是：按照对象的类别或系统，采取表格或其他比较整齐的形式，编辑起来供参考的书，如年谱、食谱。可以用来指导练习的格式或图形，如画谱、棋谱。大致的标准等。依据字典的释义和现在传承的谱书，归纳起来笔者认为：谱书是对某一事物规律的遵循和原貌的写真，是记述一个实物的真实，能够让人窥其原貌，是把一些相对散开的实物写真单页集纳成册，这些集成册便可谓之"谱"，如曲谱、画谱、脸谱、食谱、棋谱、衣谱等。后来随着社会的发展，事物的分类越来越多，更多的谱书也应运而生，内容越来越丰富，成谱的手法也愈发多样。在众多的谱系书中，砚谱是应运而生其中的一种。根据历史记载，砚谱的谱材最初来自于对砚台实物的记述，后来发展为写真素描，再后来就是拓片的集成，文人和匠人们把这些散落在民间的砚台记述、素描、写真和拓片收集成册，然后配上文字便成了砚谱，据能查到的资料显示，最早出现的砚谱是宋代洪景伯的《歙砚谱》，记录了砚样39种。宋代《歙州砚谱》记录砚样40种，宋代《端溪砚史汇参》记载砚样59种，宋代《砚笺》记录砚样24种。明代高濂《遵生八笺》收集冠名了49种砚式，并绘制了天成七星砚、玉兔朝元砚、古瓦鸾砚等21种图样。清代朱二坨《砚小史》描绘了15种图样，并根据藏家收藏的砚台，写真绘出了13方古砚图。清代吴兰修的《端溪砚史》介绍了24种图样，即凤池、玉堂、玉台、蓬莱、辟雍、院样、房相样、郎官样、天砚、风字、人面、圭、璧、斧、鼎、鏊、笏、瓢、曲水、八棱、四直、莲叶、蟾、马蹄。清代谢慎修的《谢氏砚考》介绍了41种图样，即辟雍砚、玉堂砚、月池砚、支履砚、方池砚、双履砚、风字砚、凤池砚、瓢砚、玉台砚、太史砚、内相砚、都堂砚、水池砚、舍人砚、石渠瓦砚、山砚、端明砚、葫芦砚、圆池砚、斧砚、琴砚、兴和瓦砚、玉兔朝元砚、犀纹砚、斗宿砚、飞梁砚、唐坑砚、合辟砚、宝晋斋砚山、断碑砚、结绳砚、卫瓦当首砚、四直砚、文辟砚、端方砚、共砚、阴砚、鉴砚、璞古歙砚、古瓦砚。清代唐秉钧的《文房肆考图说》绘出砚图49幅，即大圆福寿、天保九如、保合太和、凤舞蛟腾、海屋添筹、五岳朝天、龙马负图、太平有象、景星庆云、寿山福海、海天旭日、先生瓜瓞、龙吟虎啸、九重春色、汉朝卤瓶、福自天来、花中君子、龙飞凤舞、三阳开泰、化平天下、德辉双凤、松寿万年、帝躬、文章刚断、东井砚、结绳砚式、丹凤朝阳、林塘锦箫、龙门双化、鸠献蟠桃、身到凤池、三星拱照、北宋钟砚、攀龙集凤、羲爱金鹅、锦囊封事、开宝晨钟、端方正直、图书程瑞、濯渊进德、五福捧寿、青鸾献寿、寿同日月、砚池泉布、太极仪象、铜雀瓦砚、连篇月露、犀牛望月、回文贯德、井田砚等。

　　这些用文字或素面描绘的砚谱，虽不完整和不成体系，但大致把砚台的模样描绘了出来。后来人们感觉到这样描述还不足以让后人了解每一方砚台的真实面貌，会给后人甄别砚台带来很多不确定性，为了弥补这一不足，让后人更好地识别古砚的真伪，更清晰地了解一方砚的真实面貌和铭文，当时的制作者便仿照其他古器物的做法，为砚台做拓片，并把拓片集书出版，以便于后世有据可查，世代传承。到了清代和民国，一些砚台收藏家对砚谱的制作出版介绍更加重视，为了更能表现铭文和画意的神韵，他们往往花重金聘高手做砚台拓片，还重金聘请一些社会名流和金石学专家作序，以提高谱书的价值和知名度。据史料记载，清代和民国是砚台拓片出现最多的时期，也是高质量谱书出版最多的时期。当时一些藏家和传拓高手联合出书，一些高质量的砚谱逐渐面世，成就了清代到民国时期优质砚谱成书的黄金时期。可以说清代到民国，是砚谱书籍面世的高峰期，正是这些砚谱的面世，让人们更准确地知道了古代的砚式、大小以及砚的名称及铭文。在这些质量较高、系统较全、内容专一的砚谱中成就较高的有：《西清砚谱》《高凤翰砚史》《阅微草堂砚谱》《广仓砚录》《梦坡室藏砚》《归云楼砚谱》《沈氏砚林》《飞鸿堂砚谱》等。清末民初时，印刷技术并不发达，且印费昂贵，致使一些高质量的砚谱印刷不多，流传不广，加之时间久远，损毁严重，目前在市面流传的已经很少。有些著作已成为国家珍本，被妥善保管，当代人阅读极为不便。为了让广大读者能够方便地阅读以上砚谱，续接砚台传统文化，在这次《中华砚文化汇典》编撰中，编委会专门将《砚谱卷》列为一个分典出版。为了把这项工作做好，我们执行主编《砚谱卷》的小组收集参考了自清代以来的各种砚谱版本进行汇编。

　　《西清砚谱》是清代第一部官修砚谱。在清乾隆戊戌年（1778），乾隆皇帝命学士于敏中(1714—1780)及梁国治、董浩、王杰、钱汝诚、曹文埴、金士松、陈孝泳等八人负责纂修，并有门应兆等人负责绘图。《西清砚谱》共计24卷(包括附录卷)，收录乾隆皇帝鉴藏的砚品240件，分别以材质和时代先后为序，编为陶之属、石之属、又附录卷。录砚时代上自汉瓦砚、下迄乾隆本朝砚，均有著录。《西清砚谱》可谓自宋代米芾《砚史》、苏易简《文房四谱》、李之彦《砚谱》之后，又一部图文并茂的砚谱集大成者。

《西清砚谱》虽为我们呈现出乾隆朝内府所藏砚品的基本面貌，但受到当时历史条件所限，有些砚的年代尚存疑问，如将前朝遗砚认定为宋代砚，并以古砚相称，这对于后人了解宋代以前的汉、唐砚式均造成一定的影响，甚至有些仿古砚系仿自宋代苏轼砚谱或明代高濂砚谱，如仿古澄泥砚、仿宋代苏轼砚等，均有赝鼎，其中大部分是仿有所本。还有些砚经过了改制，均镌刻乾隆皇帝御题砚铭，或品评鉴赏，或以砚纪事，以昭示后人。虽然它们已失去本来的面貌，但仍不失为今人了解乾隆时期宫廷藏砚的重要资料，对砚史研究具有重要的历史价值。至今，《西清砚谱》著录的砚仍有大部分传世，分别珍藏于故宫博物院、中国国家博物馆、首都博物馆、台北故宫博物院等处，也有流散于海内外及民间者。《西清砚谱》总纂官为纪昀、陆锡熊、孙士毅，总校官为陆费墀。

《阅微草堂砚谱》，于1917年出版，收录纪昀藏砚126方。书前有张桂岩所绘的纪昀半身像，有翁方纲、伊秉绶的题记，有徐世昌作的序。该书所收砚台，制作精良，铭文丰实，书体精美。该谱砚铭内容亦诗亦文，从中可观古时文人品论各地砚石之妙，亦可赏书法之韵，领略其文辞意趣。纪昀虽在鉴别砚材及年代上有所误差，然《阅微草堂砚谱》在砚史上仍有较高的历史、学术价值。

《高凤翰砚史》是由清代中叶王相主持，王子若、吴熙载摹刻。《高凤翰砚史》以录砚多且附砚拓而有别于前人，此砚史对于深入探讨高凤翰这位艺术巨匠的生平、学术思想及其艺术造诣，有着极其重要的学术价值。《高凤翰砚史》收录砚台165方，皆制有铭词。书中砚台多系高凤翰自行刻制，是诗、书、画、印俱精妙的综合艺术品，更为可贵的是高凤翰将砚台拓下，剪贴于册幅之中，在册幅空白处又予题识，他借藏砚、制砚、铭砚、刻砚、题识来抒发自己的思想感情，是一部图文并茂的砚史巨著。

《沈氏砚林》在历代砚谱中有着极为重要的地位，不仅因为书中有历代名砚，更因为其中有吴昌硕题铭而受到藏家珍重，社会青睐。该谱是在沈如瑾殁后六年，由其子沈若怀将父亲藏砚编拓而成，该谱共收沈石友藏砚158方。《沈氏砚林》成书后，备受欢迎，社会上有"官方应以乾隆时纂修的《西清砚谱》为冠，民间则要推沈石友藏、吴昌硕题铭的《沈氏砚林》为首"的美誉。

《广仓砚录》是民国邹安遴选历代官私砚编成，除有铭文、图刻、器形之外，还有旁批等，印制清晰，为民国时期的古名砚收藏专著，其中南唐官砚被列于群砚之首。后附有臂搁、茗壶、笔筒等拓本。

《梦坡室藏砚》是民国年间周庆云梦坡室所藏砚的拓片集录，收录周庆云所藏历代名砚72方，由名手张良弼所拓，前有褚德彝作序。该谱正如序中所云："小窗耽玩，目骇心怡，遂觉宝晋尺岫，吐纳几前；懒瓒片云，奔腾纸上，淘可作璧友之奇观。此本拓制不多，颇为稀见。"

《飞鸿堂砚谱墨谱》，共3卷、收录砚台70余方，由清代汪启淑编辑。汪启淑字慎议，号秀峰，又号讱庵，自号印癖先生。安徽歙县人，久居杭州，官兵部郎中。嗜古有奇癖，好藏书，家有"开万楼"，藏书数千种。又有"飞鸿堂"，集蓄秦、汉迄宋、元及明、清印章数万方。工诗，擅六书，爱考据，能篆刻，生平好交治印名手。编著甚多，辑谱之数堪称前无古人。

《归云楼砚谱》是清末民国时期徐世昌所藏砚台拓本的谱集，由徐世昌编辑。共收徐世昌藏砚120余方，其质地有端石、歙石、澄泥等，材质丰富，形式多样，其学术性、艺术性享誉砚林，是砚谱中的经典之作。

徐世昌在平时的藏砚赏砚的过程中，往往有感而发，并随时将其对砚的评价和感悟铭于砚上，撰写铭刻了很多有价值的砚铭，对后代研究砚台、收藏砚台和研究徐世昌后半生的心路历程提供了很好的史料价值。

徐世昌（1855—1939），字卜五，号菊人，又号弢斋、东海、涛斋，晚号水竹村人、石门山人、东海居士。直隶（今河北）天津人，出生于河南省卫辉府（今卫辉市）府城曹营街寓所。徐世昌早年中举人，后中进士。自袁世凯小站练兵时就为袁世凯的谋士，并为盟友，互为同道，光绪三十一年（1905）曾任军机大臣，徐世昌颇得袁世凯的器重。1916年3月，袁世凯起用他为国务卿。1918年10月，徐世昌被国会选为民国大总统。1922年6月，徐世昌通电辞职，退隐天津租界以书画自娱。

1939年6月5日，徐世昌病故，享年85岁，有《石门山临图帖》等作品集存世。徐世昌一生编书、刻书30余种，如《清儒学案》《退耕堂集》《水竹村人集》等，被后人称为"文治总统"。

从以上介绍可以看出，上述砚谱是古砚传承中的重要图谱，是砚台发展传承中的重要见证，也是甄别古砚重要的科学依据，在中国砚史发展中具有举足轻重的地位和作用。编委会在讨论《中华砚文化汇典》大纲时，一致认为应尽量把这些砚谱纳入《中华砚文化汇典》之中，作为《砚谱卷》集印成册，这既能丰富汇典内容，又能让这些宝贵的珍本传承下去，让研究砚学的人和砚台收藏家从中了解古砚，认识古砚，并从古砚铭中得到滋养，让从事制砚和制拓的艺人从中领略古砚和制拓的艺术神韵，将传统文化和制作技艺传承下去、发扬开来，让后人从中认识到砚文化的博大精深，把中华这一传统文化瑰宝继承好、传承好。

　　这就是我们这次重新编辑这些古代《砚谱》的目的和宗旨，是为序。

《砚谱卷》负责人　火来胜

2020 年 9 月

图版目录

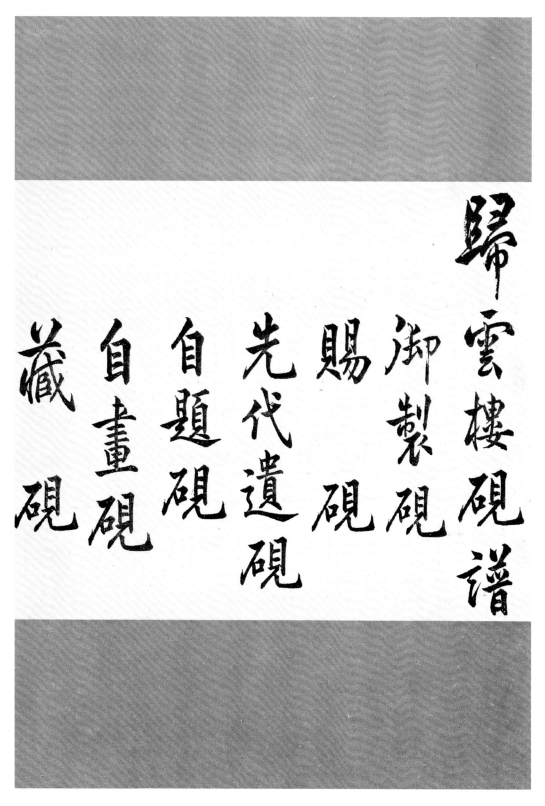

归云楼砚谱

御制砚、赐砚、先代遗砚、自题砚、自画砚、藏砚。

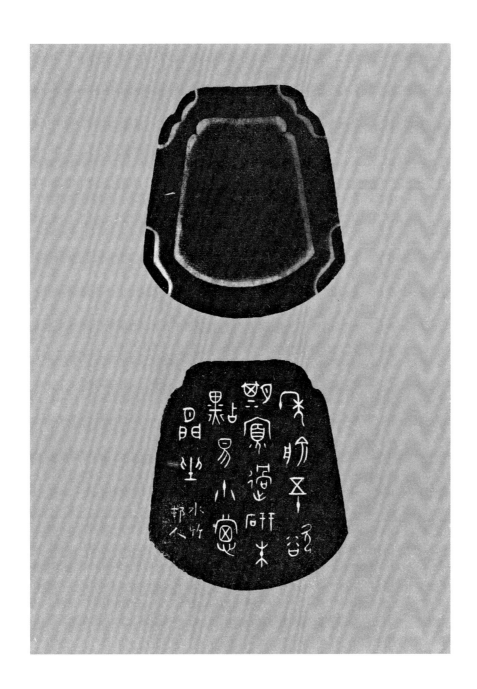

御制风字砚砚盒

【文】

年逾五十，欲期寡过，研朱点易，小窗闲坐。

水竹村人。

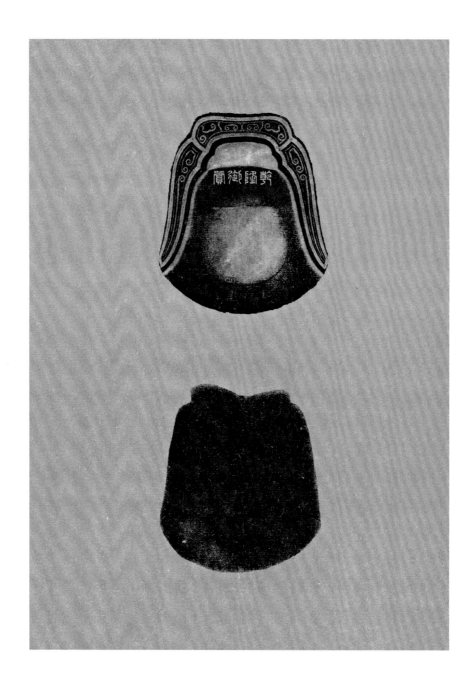

御制风字砚

【文】

乾隆御赏。

御制钟形砚

【文】

端溪奇品，透澈精莹。质势若钟，方圆其形。

乾隆御制。

御制钟形砚砚盒

【文】

绿钟。

偶得绿端，范钟其形。煌煌宸翰，砚背镌铭。韫椟而藏，名曰绿钟。

水竹村人。

【印】

弢斋。

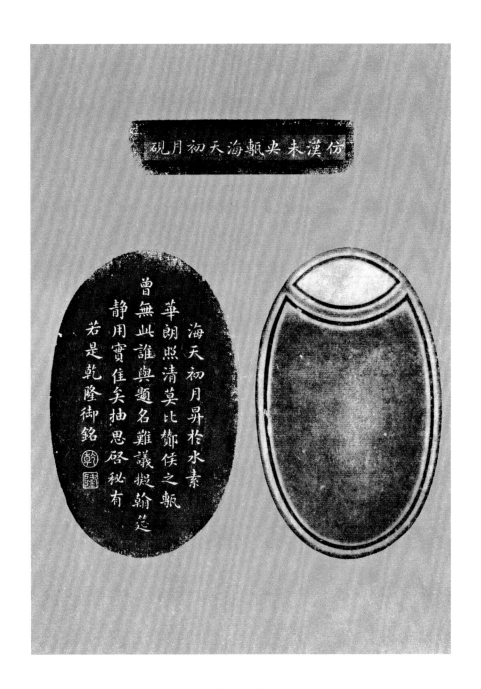

御赐仿汉未央砖海天初月砚

【文】

仿汉未央砖海天初月砚。

海天初月升于水，素华朗照清莫比。酂侯之砖曾无此，谁与题名难议拟。翰筵静用实佳矣，抽思启秘有若是。

乾隆御铭。

【印】

乾、隆。

御赐仿汉石渠阁瓦砚

【文】

仿汉石渠阁瓦砚。

石渠阁，覆以瓦，肖其形，为砚也，出于琢，非出冶，友笔墨，佐儒雅，思卯金，太乙下。

乾隆御铭。

【印】

澄观。

福庆砚（正）

【文】

福庆砚。

戊午正月初六日，

御赐。

（臣）徐世昌。

福庆砚（背）

黼黻砚（正）

【文】

澄泥。

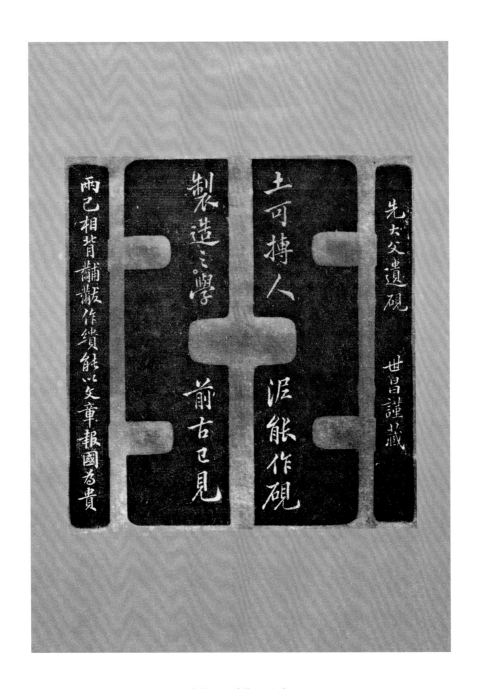

黼黻砚（背、侧）

【文】

先大父遗砚，世昌谨藏。

土可抟人，泥能作砚。

制造之学，前古已见。

两己相背，黼黻作缋，能以文章，报国为贵。

圭璋砚（正）

【文】

海上三山，入我门阃，天心一月，照我几榻。收乾坤之清气，供我朝夕之吐纳。

具圭之形，如玉之泽。安此盘石，纪功简册。弢斋。

【印】

世昌。

圭璋砚（背）

函星砚（正、侧）

【文】

溪立精，石之灵。紫云气，函明星。为颖窟，作两砚。永宝用，琢斯铭。

【印】

高翥。

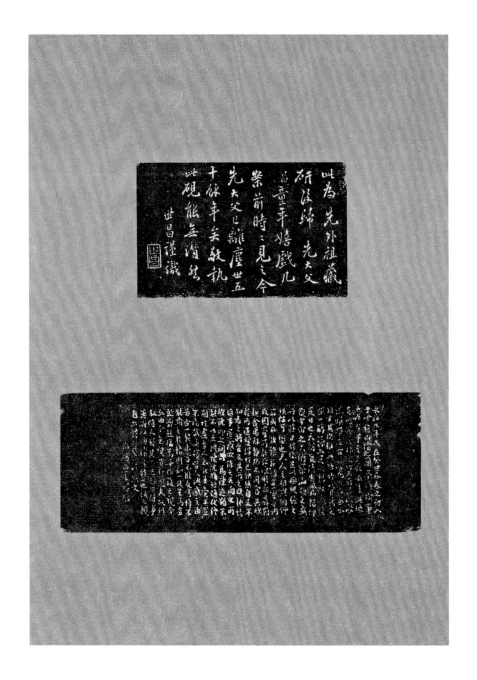

函星砚（背、侧）

【文】

　　此为先外祖藏研，后归先大父。昌童年嬉戏几案前，时时见之，今先大父已离尘世五十余年矣。敬执此砚，能无潸然。世昌谨识。

【印】

　　世昌。

【文】

　　兰亭序文（略）。

镜砚（五铢砚，正、侧）

【文】

先大夫所用砚，世昌谨藏。

癸巳秋，于京师鼓担中购得旧镜一枚，铜质甚厚，青绿俱满，视其阴有汉钱四枚。适友人送绿豆端一具，其青翠亦复可爱，因仿镜式制为砚而戏为之铭。

鉴取平明，胡为背有阿堵之形，岂不以处世者，非此不行，因而思砚食者，尤不可少孔方之兄。

湖上李渔。

镜砚（五铢砚，背）

【文】

五十大泉、五铢、五十大泉、五铢。

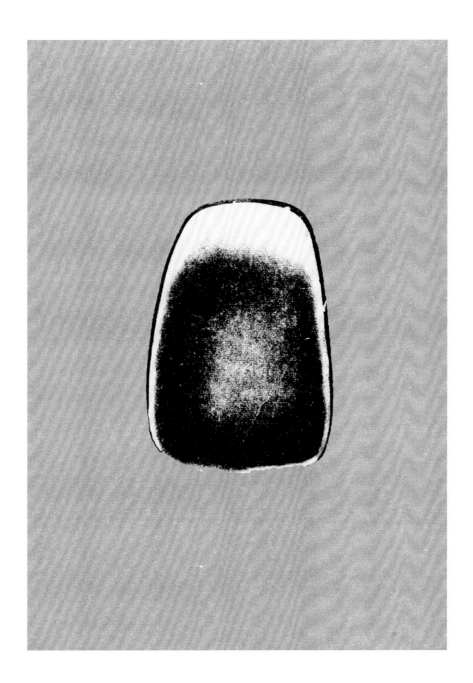

随形砚（正）

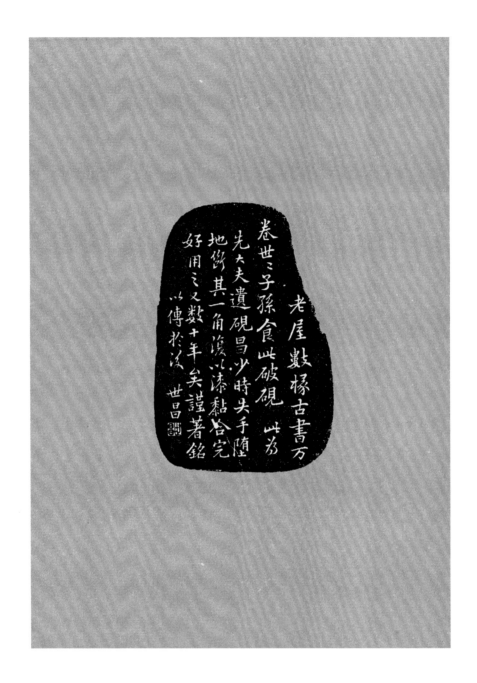

随形砚（背）

【文】

老屋数椽，古书万卷，世世子孙，食此破砚。此为先大夫遗砚，昌少时失手堕地，断其一角，复以漆黏合完好，用之又数十年矣。谨著铭以传于后。世昌。

【印】

世昌。

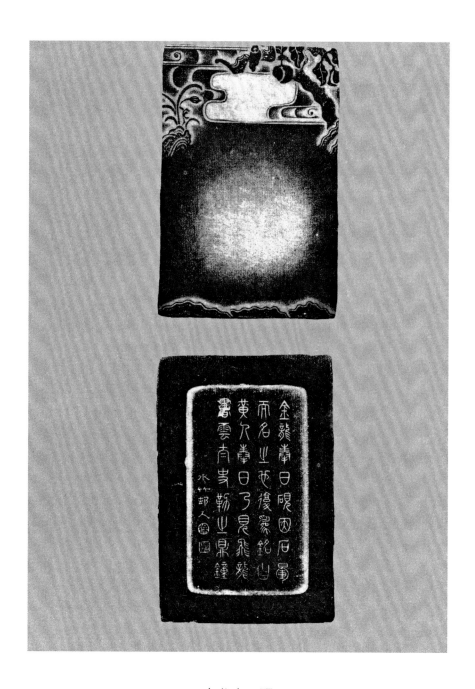

金龙奉日砚

【文】

金龙奉日砚，因石晕而名之也，复为铭曰：黄人奉日，乃见飞龙，书云太史，勒之鼎钟。

水竹村人。

【印】

徐、世昌。

云纹蝉池砚

【文】

澄心堂纸廷珪墨，几净窗明花满栏。剖取郁溪紫龙卵，闲临古帖鸭头丸。

水竹村人。

瓦形砚（正、侧）

【文】

未央旧瓦，老儒破研。千古人物，一隐一见。

退耕堂藏砚。水竹村人铭。

【印】

徐、世昌。

瓦形砚（背）

【文】

未央宫东阁瓦。

方形砚（正、侧）

【文】

龙尾之石气吐虹。

罗纹金星扣如铜。

文章华国惟汝功。

戣斋铭，吕式斌书。

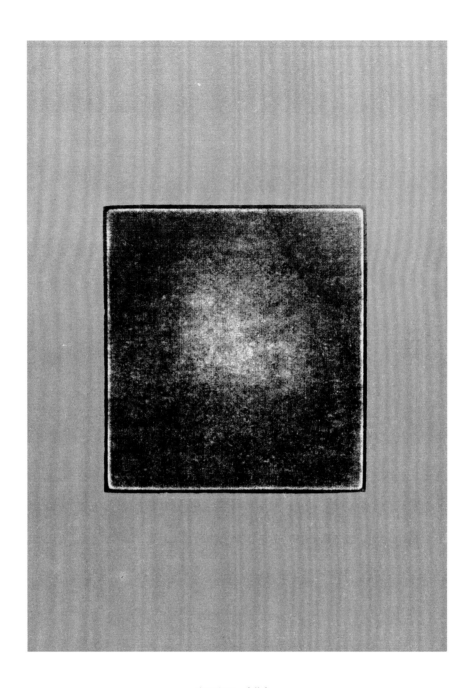

方形砚（背）

汤池盘谷砚（正）

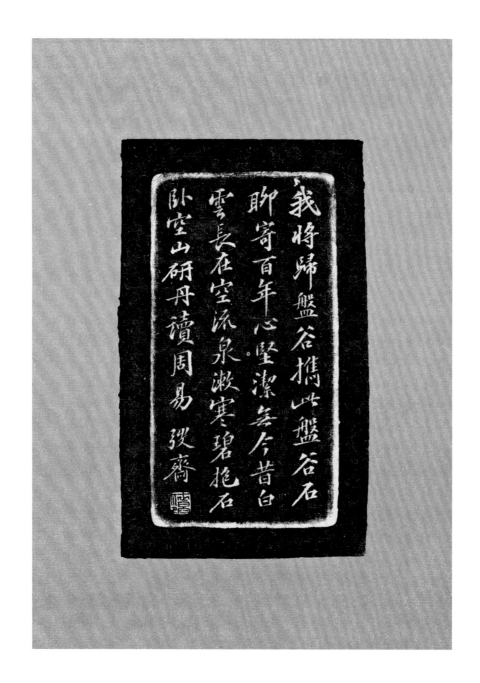

汤池盘谷砚（背）

【文】

我将归盘谷，携此盘谷石。聊寄百年心，坚洁无今昔。白云长在空，流泉漱寒碧。抱石卧空山，研丹读周易。弢斋。

【印】

世昌之印。

长方形汤池砚一（正）

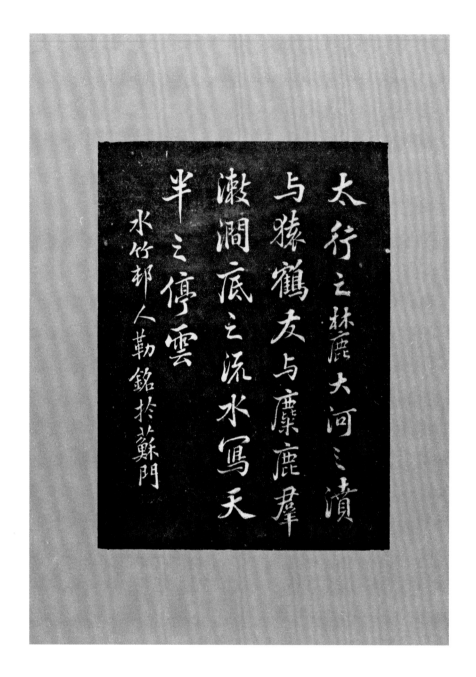

长方形汤池砚一（背）

【文】

太行之麓，大河之渍，与猿鹤友，与麋鹿群。漱涧底之流水，写天半之停云。

水竹村人勒铭于苏门。

砚板一（正）

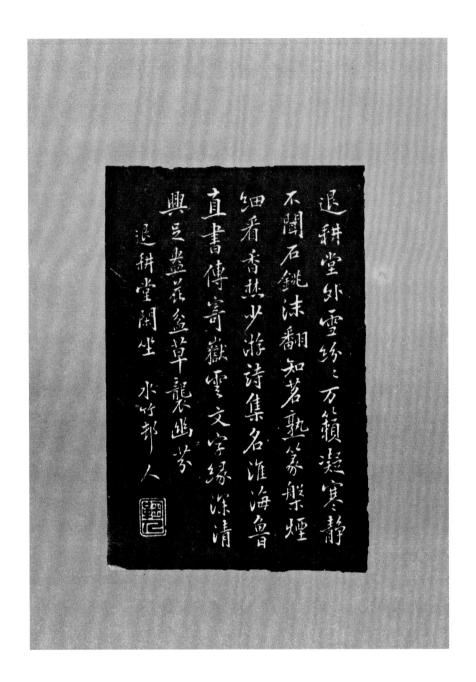

砚板一（背）

【文】

退耕堂外雪纷纷，万籁凝寒静不闻。石铫沫翻知茗熟，篆盘烟细看香焚。少游诗集名淮海，鲁直书传寄岳云。文字缘深清兴足，盎花盆草袭幽芬。

退耕堂闲坐，水竹村人。

【印】

鞠人。

砚板二（正）

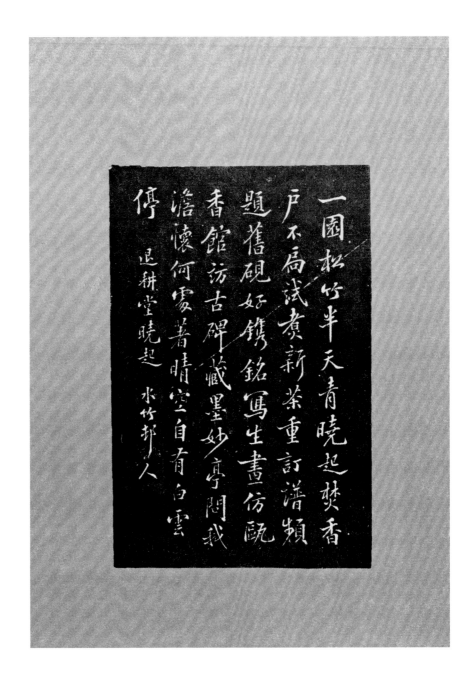

砚板二（背）

【文】

一园松竹半天青，晓起焚香户不扃。试煮新茶重订谱，频题旧砚好镌铭。写生画仿瓯香馆，访古碑藏墨妙亭。问我澹怀何处著，晴空自有白云停。

退耕堂晓起，水竹村人。

砚板三（正）

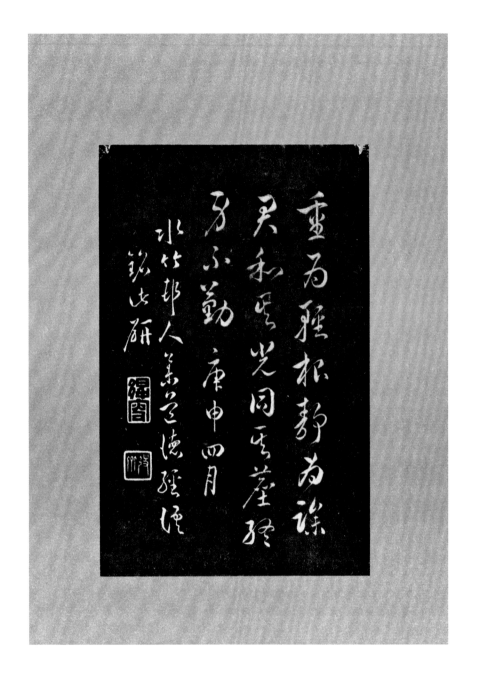

砚板三（背）

【文】

重为轻根，静为躁君，和其光同其尘，终身不勤。

庚申四月，水竹村人举道德经增铭此砚。

【印】

退叟、弢斋。

砚板四（正）

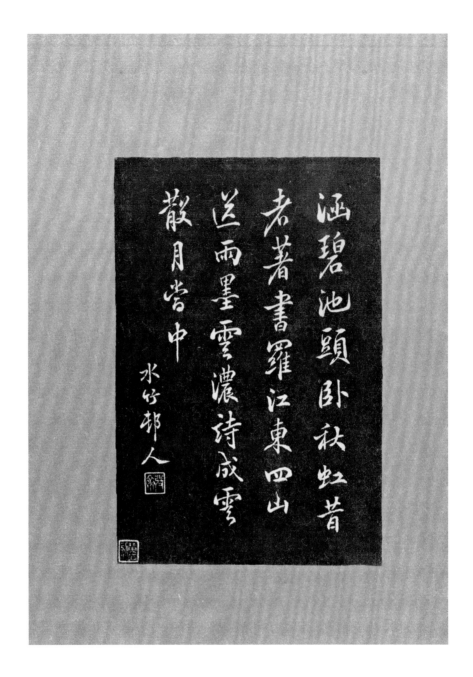

砚板四（背）

【文】

涵碧池头卧秋虹，昔者著书罗江东。四山送雨墨云浓，诗成云散月当中。

水竹村人。

【印】

弢斋、黄石刻。

砚板五（正）

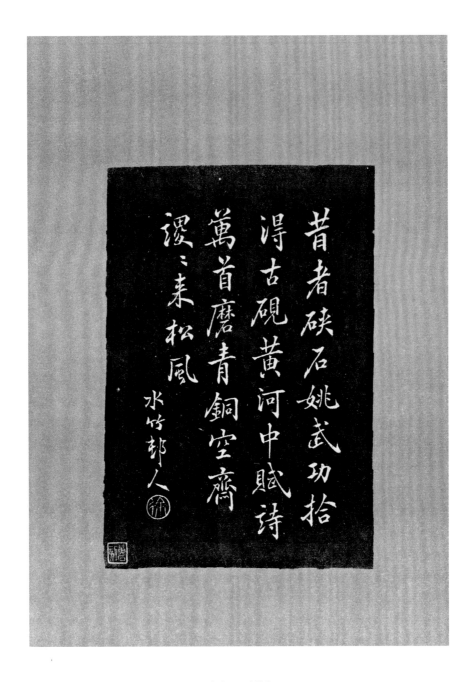

砚板五（背）

【文】

昔者硖石姚武功，拾得古砚黄河中。赋诗万首磨青铜，空斋谡谡来松风。

水竹村人。

【印】

徐、黄石刻。

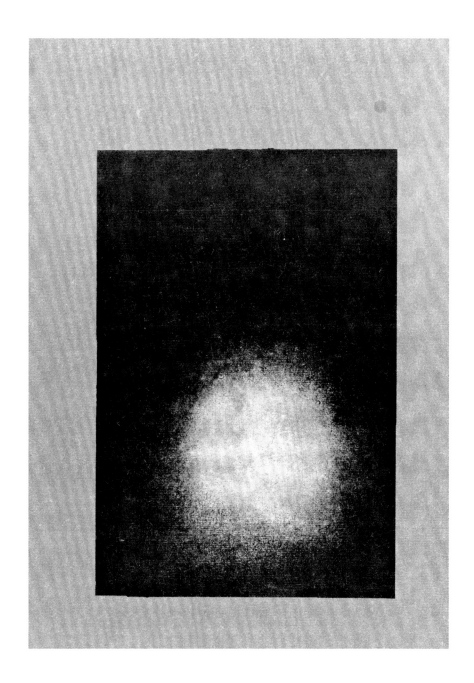

砚板六（正）

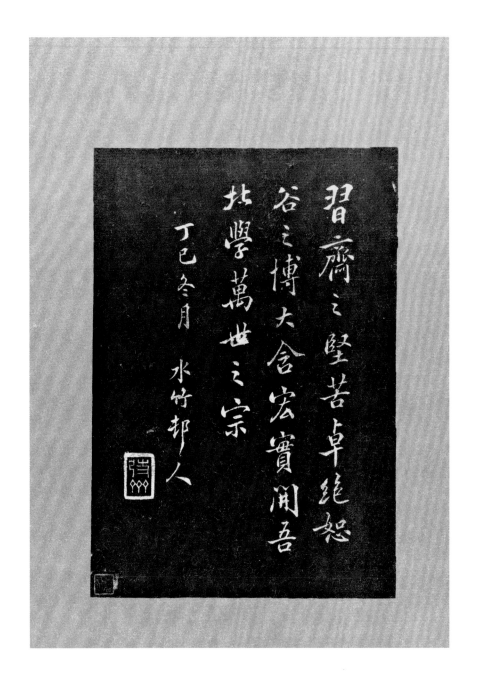

砚板六（背）

【文】

习斋之坚苦卓绝，恕谷之博大含宏，实开吾北学万世之宗。

丁巳冬月，水竹村人。

【印】

弢斋、黄石刻。

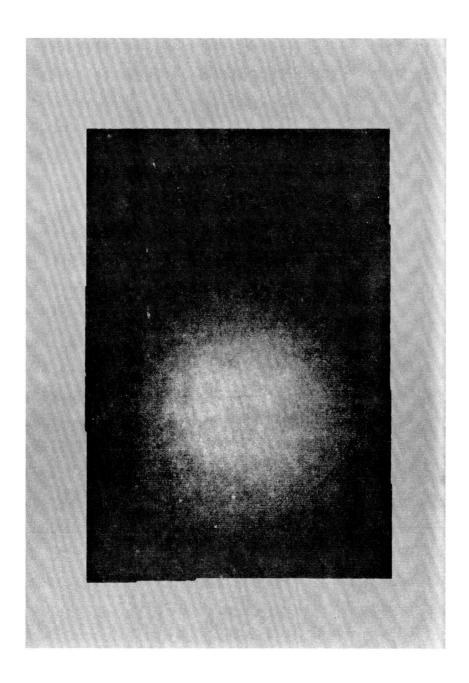

砚板七（正）

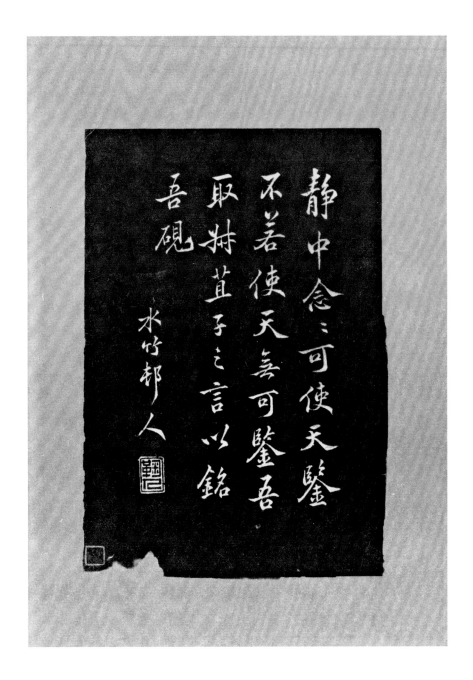

砚板七（背）

【文】

静中念念，可使天鉴。不若使天无可鉴，吾取叔苴子之言以铭吾砚。

水竹村人。

【印】

鞠人、黄石刻。

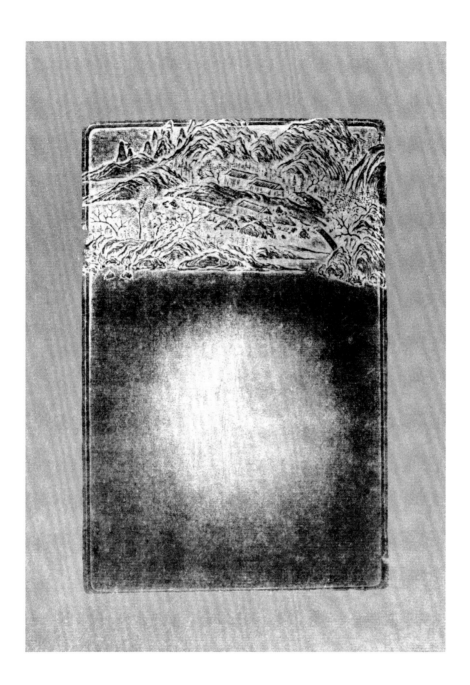

山水纹砚一（正）

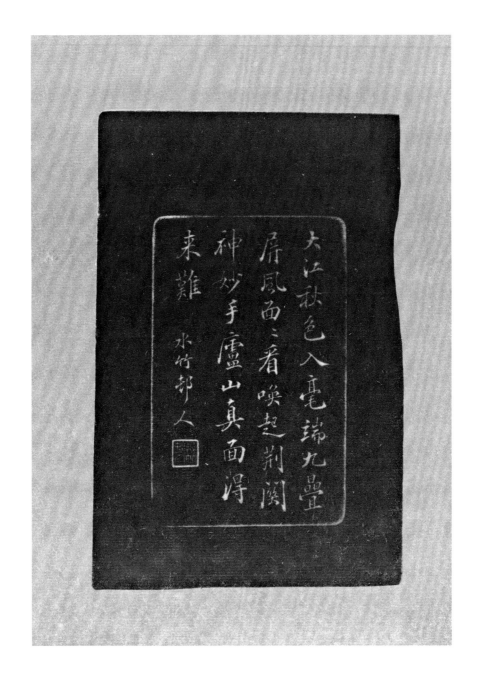

山水纹砚一（背）

【文】

大江秋色入毫端，九叠屏风面面看，唤起荆关神妙手，庐山真面得来难。

水竹村人。

山水纹砚二（正）

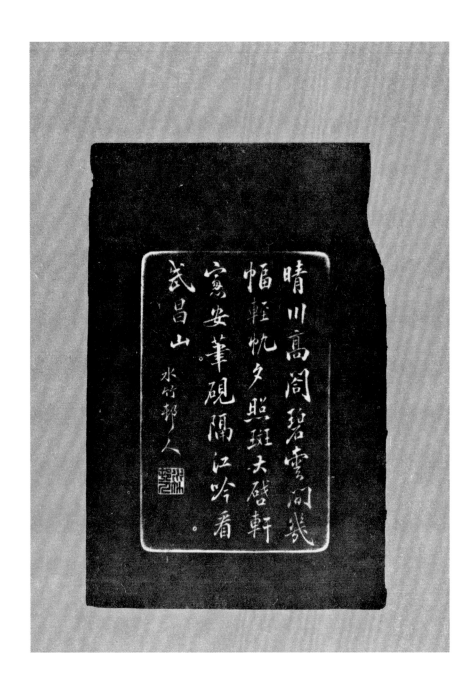

山水纹砚二（背）

【文】

晴川高阁碧云间，几幅轻帆夕照斑。大启轩窗安笔砚，隔江吟看武昌山。

水竹村人。

【印】

水竹村人。

砚板八（正）

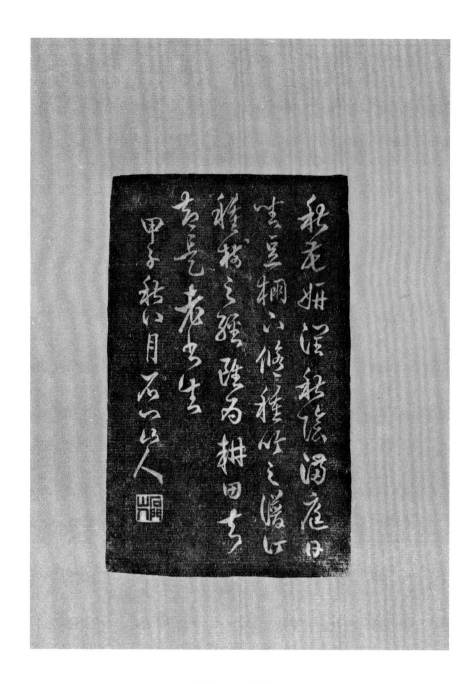

砚板八（背）

【文】

秋花妍润，秋阴满庭。日坐豆棚下，修种竹之谱，订种树之经，虽为耕田去，却是老书生。

甲子秋八月，石门山人。

【印】

石门山人。

砚板九（正）

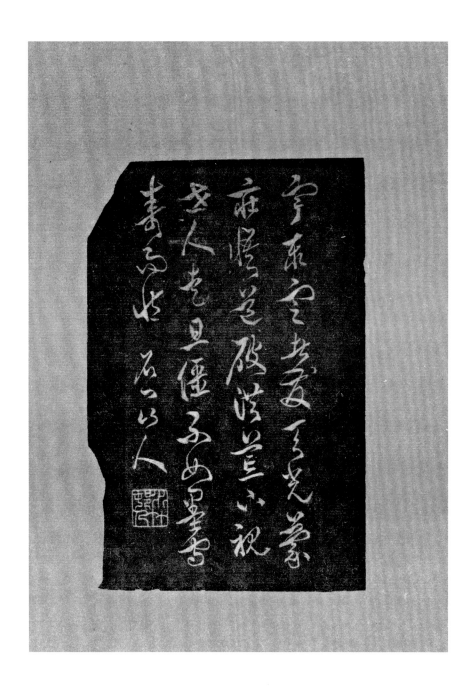

砚板九（背）

【文】

宇泰定者发天光，蒙庄悟道破洪荒。下视世人走且僵，不如墨守寿而藏。

石门山人。

【印】

水竹村人。

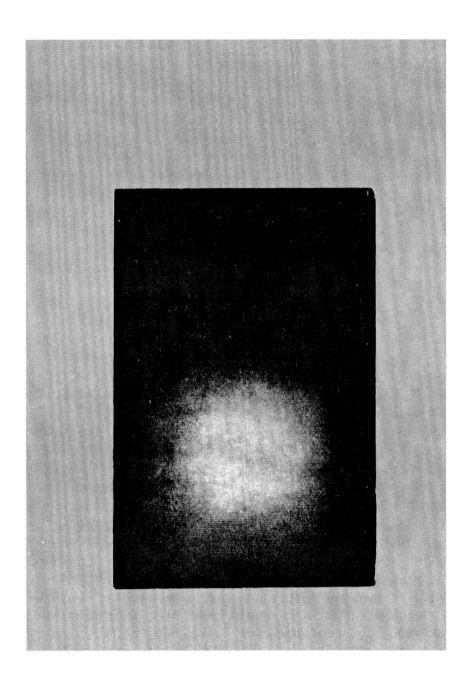

砚板十（正）

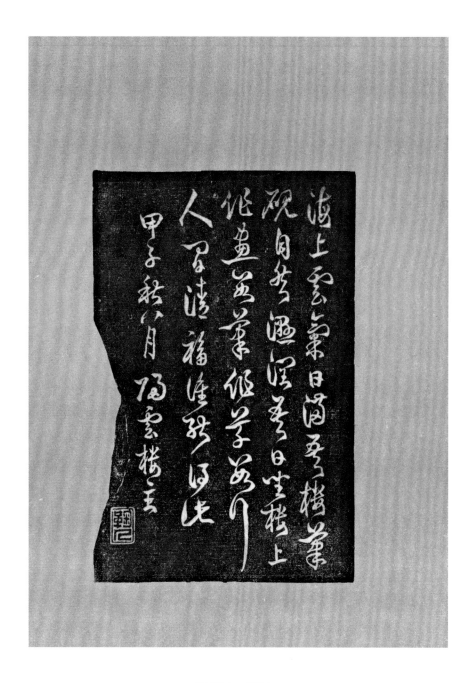

砚板十（背）

【文】

　　海上云气日满吾楼，笔砚自然湿润，吾日坐楼上，作画数笔，作草数行，人间清福，谁能得此。

　　甲子秋八月，归云楼主。

【印】

　　鞠人。

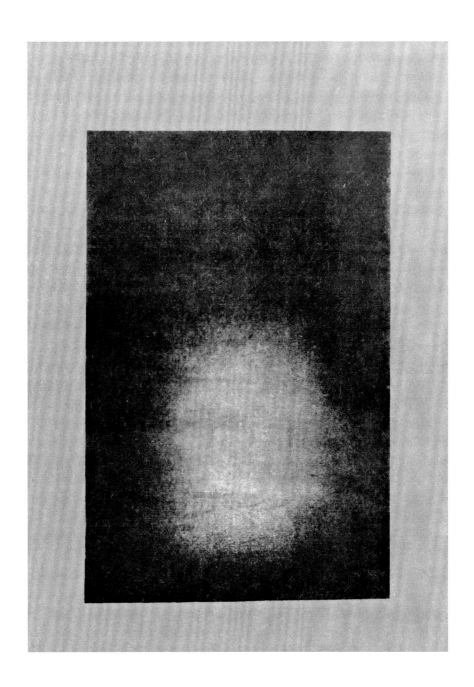

砚板十一（正）

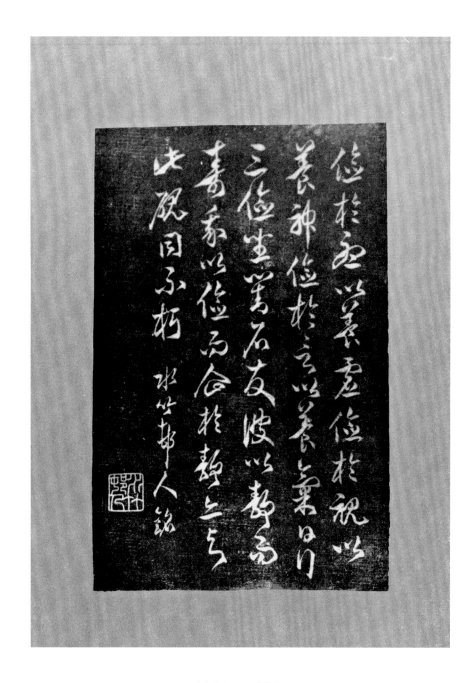

砚板十一（背）

【文】

　　俭于听以养虚，俭于视以养神，俭于言以养气。日行三俭，坐对石友。

彼以静而寿，我以俭而企于静，亦与此砚同不朽。

　　水竹村人铭。

【印】

　　水竹村人。

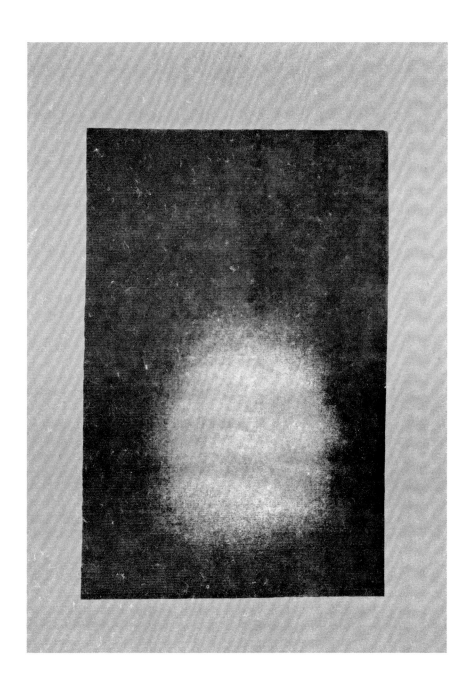

砚板十二（正）

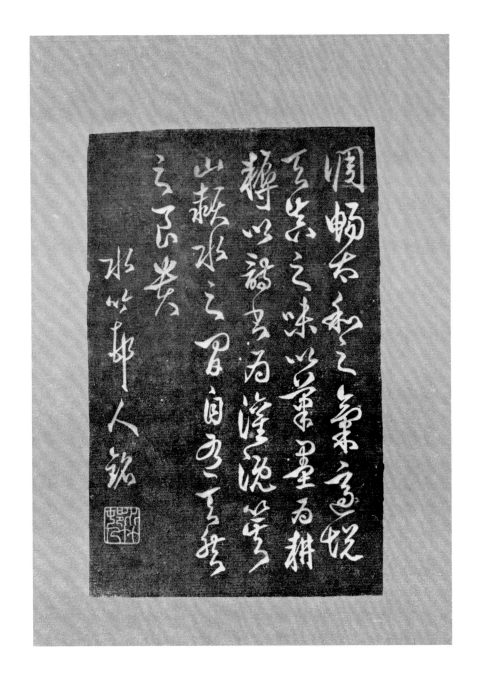

砚板十二（背）

【文】

调畅太和之气，适悦天真之味。以笔墨为耕耨，以诗书为灌溉，箕山颍水之间，自有天然之良贵。

水竹村人铭。

【印】

水竹村人。

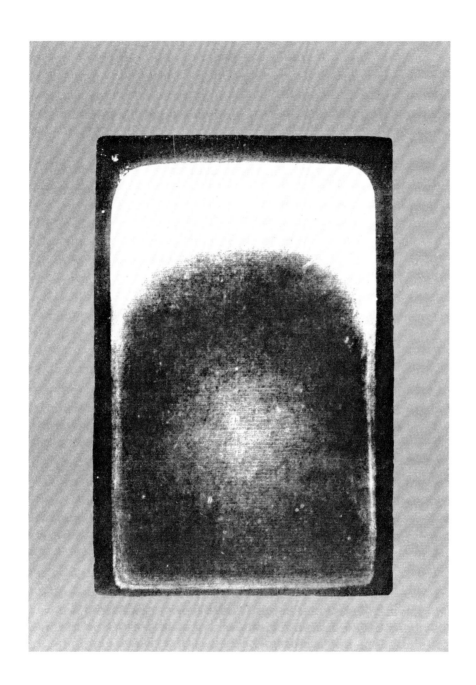

长方形汤池砚二（正）

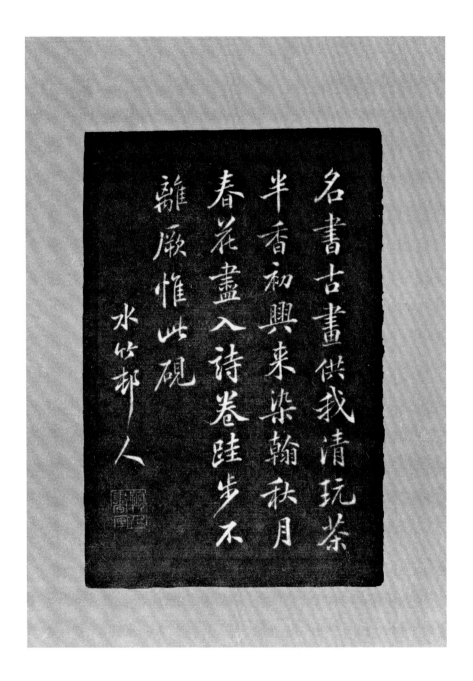

长方形汤池砚二（背）

【文】

名书古画，供我清玩。茶半香初，兴来染翰。秋月春花，尽入诗卷。

跬步不离，厥惟此砚。

水竹村人。

【印】

鞠人书画。

海天云月砚（正）

海天云月砚（背）

【文】

古寺无僧，古井无绠。出此片石寺前井，上映长虹天半影。

歙产砚石以寺前井坑为佳，此尤井石之最佳者，制为砚系以铭。

水竹村人。

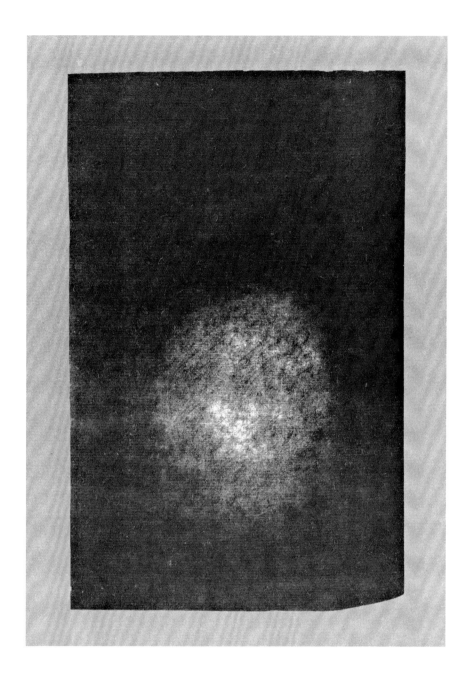

砚板十三（正）

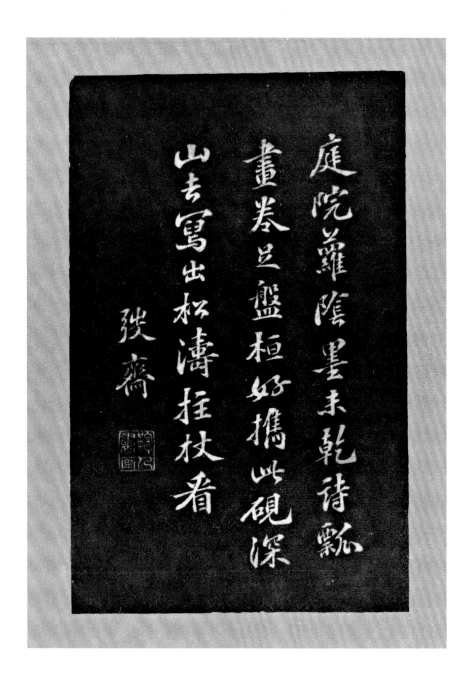

砚板十三（背）

【文】

庭院萝阴墨未干，诗瓢画卷足盘桓。好携此砚深山去，写出松涛拄

杖看。

弢斋。

【印】

鞠人书画。

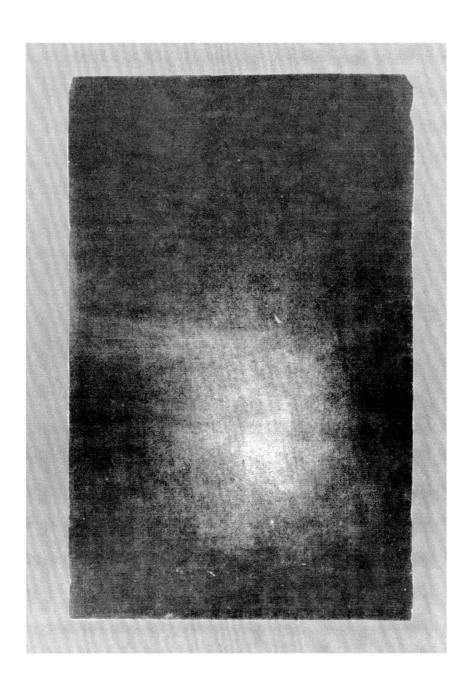

砚板十四（正）

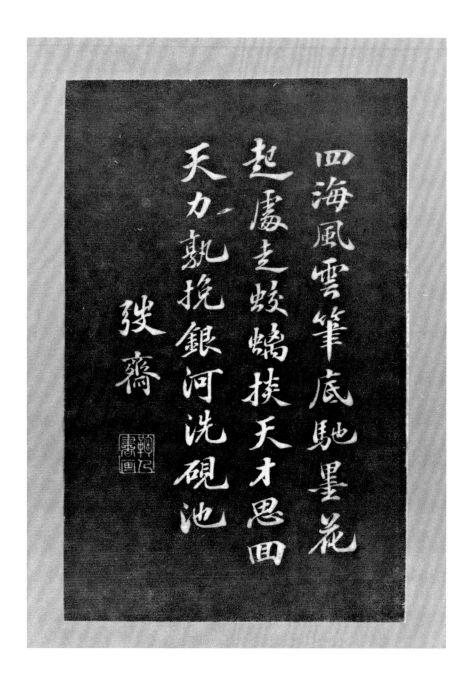

砚板十四（背）

【文】

四海风云笔底驰，墨花起处走蛟螭。掞天才思回天力，孰挽银河洗砚池。

砭斋。

【印】

鞠人书画。

双边汤池砚（正）

双边汤池砚（背）

【文】

看云楼下水平池，正是山人洗墨时。宿雨初收云未散，一天清润笔先知。

辛亥秋日，鞠人。

【印】

退耕堂主。

二龙戏珠长方砚（正）

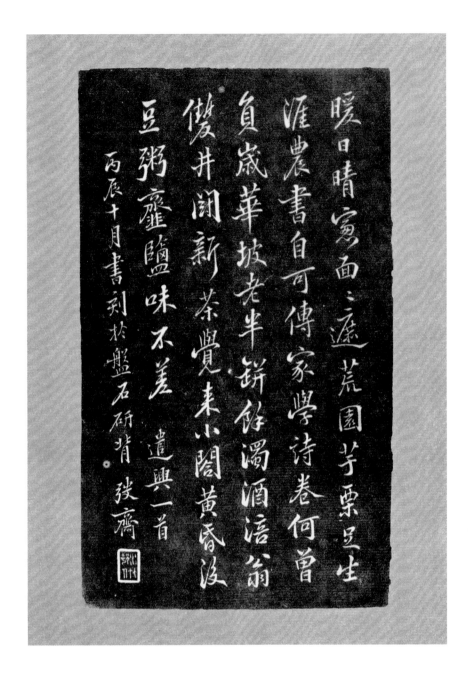

二龙戏珠长方砚（背）

【文】

暖日晴窗面面遮，荒园芋栗足生涯。农书自可传家学，诗卷何曾负岁华。坡老半瓶余浊酒，涪翁双井斗新茶。觉来小阁黄昏后，豆粥齑盐味不差。

遣兴一首。

丙辰十月书刻于磐石砚背，弢斋。

【印】

水竹村人。

双龙戏珠回纹砚（正）

双龙戏珠回纹砚（背）

【文】

三百年之诗史，三千篇之诗歌。接吾心目泰山，华岳入吾梦寐。长江大河，美矣备矣，如何如何。

晚晴簃选诗砚。水竹村人铭。

【印】

鞠人。

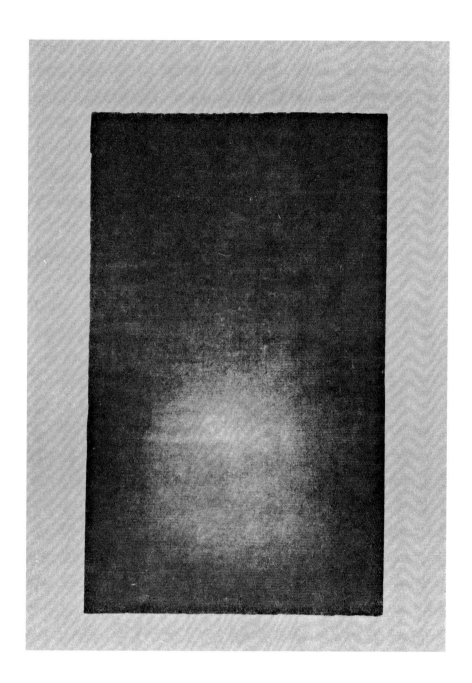

砚板十五（正）

砚板十五（背）

【文】

幽居日日闲柴荆，书读参同学养生。寂寞寒花当户艳，萧疏黄叶落阶平。猛龙碑写澄心纸，小凤茶烹折脚铛。病起灌园同野叟，不知身外有浮名。

幽居一首，水竹村人。

【印】

弢斋、水竹村人。

停云砚板（正）

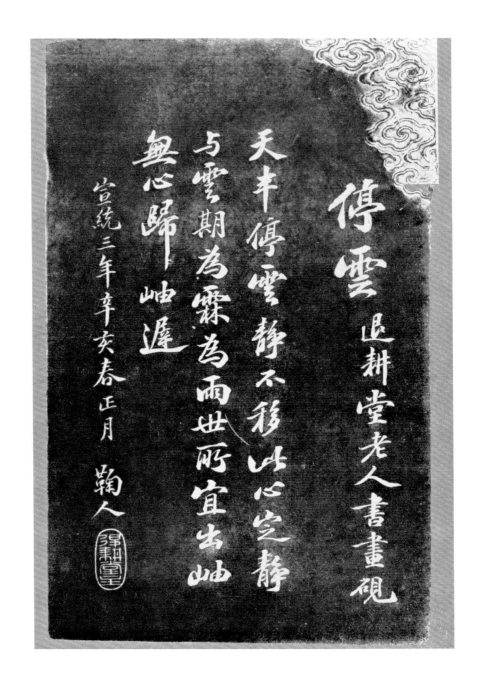

停云砚板（背）

【文】

退耕堂老人书画砚。

停云。

天半停云静不移，此心定静与云期。为霖为雨世所宜，出岫无心归岫迟。

宣统三年辛亥春正月，鞠人。

【印】

退耕堂主。

澄海砚板（正）

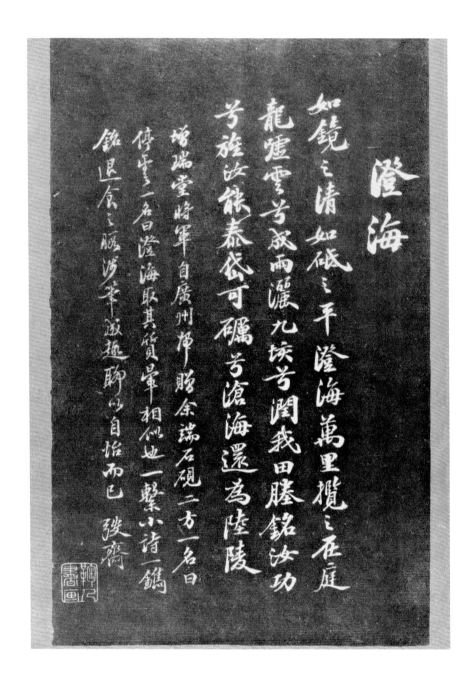

澄海砚板（背）

【文】

澄海。

如镜之清，如砥之平。澄海万里，揽之在庭。龙嘘云兮成雨，洒九垓兮润我田塍，铭汝功兮旌汝能，泰岱可砺兮，沧海还为陆陵。

增瑞堂将军自广州归，赠余端石砚二方，一名曰停云，一名曰澄海，取其质晕相似也，一系小诗，一镌铭，退食之暇，涉笔成趣，聊以自怡而已。彀斋。

【印】

鞠人书画。

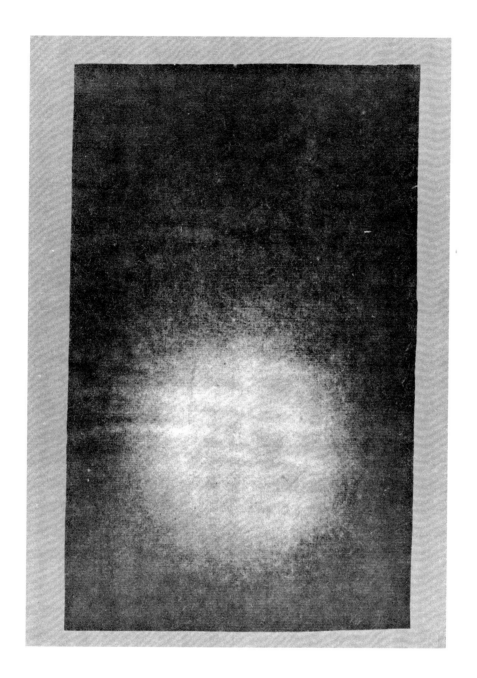

砚板十六（砣矶砚，正）

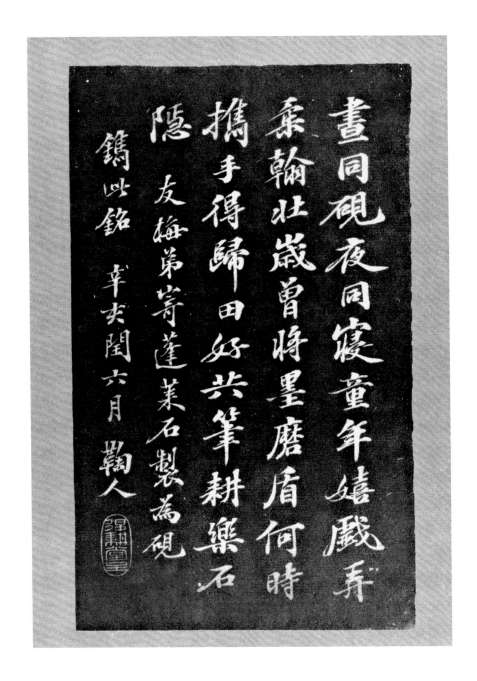

砚板十六（砣矶砚，背）

【文】

书同砚，夜同寝。童年嬉戏弄柔翰，壮岁曾将墨磨盾，何时携手得归田，好共笔耕乐石隐。

友梅弟寄蓬莱石，制为砚，镌以铭。辛亥闰六月，鞠人。

【印】

退耕堂主。

砚板十七（砣矶砚，正）

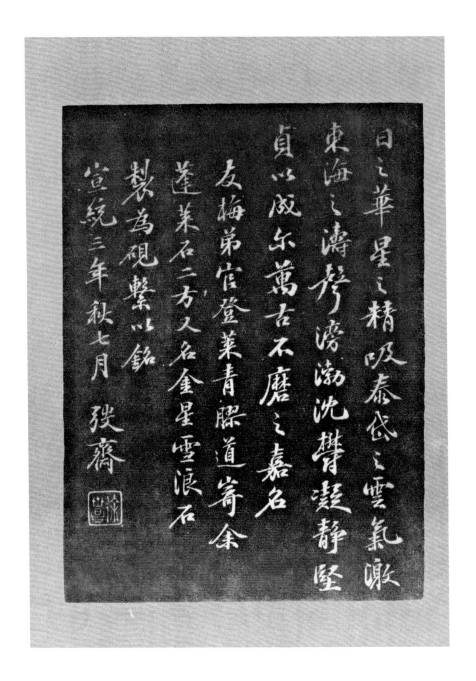

砚板十七（砣矶砚，背）

【文】

日之华，星之精。吸泰岱之云气，激东海之涛声，滂渤沈郁，凝静坚贞，以成尔万古不磨之嘉名。

友梅弟官登莱青胶道，寄余蓬莱石二方，又名金星雪浪石，制为砚，系以铭。

宣统三年秋七月，弢斋。

【印】

徐世昌。

二十八宿砚（正）

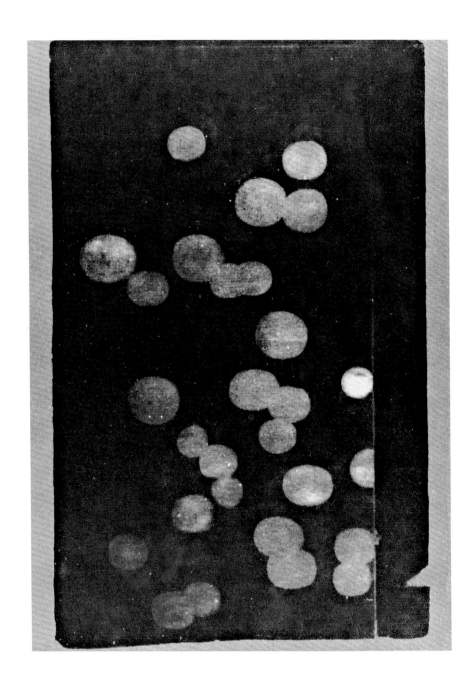

二十八宿砚（背）

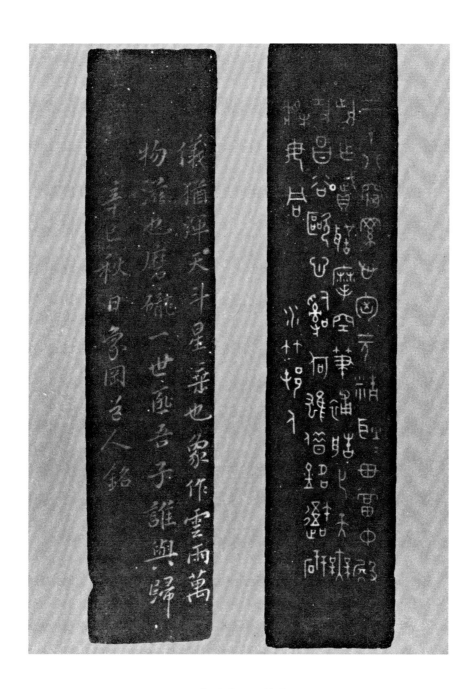

二十八宿砚（侧）

【文】

二十八宿罗心胸，元精耿耿贯当中。殿前作赋□摩空，笔补造化天无功。昌谷欧心辞何雄，借铭吾砚将毋同。水竹村人。

仪犹浑，天斗星垂也。象作云雨，万物滋也。磨砻一世，匪吾子，谁与归。

辛巳秋日，象冈道人铭。

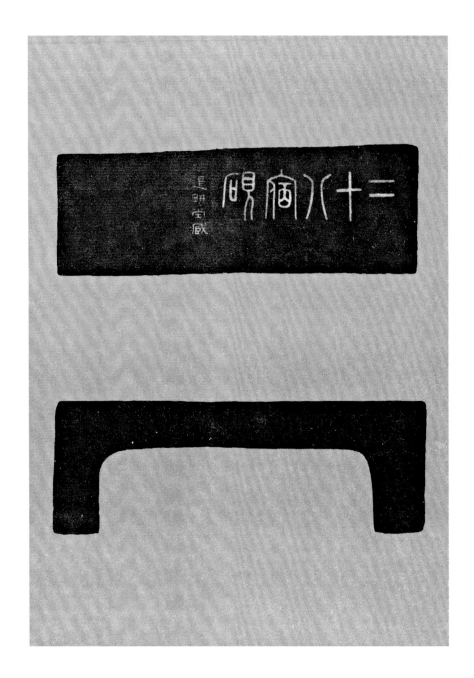

二十八宿砚（前侧、后侧）

【文】

二十八宿砚。

退耕堂藏。

福来砚（正）

福来砚（背）

【文】

有物混成，先天地生，凿破混沌见此英，又何论乎泰山如砺黄河清。
石门山人。

【印】

徐世昌印。

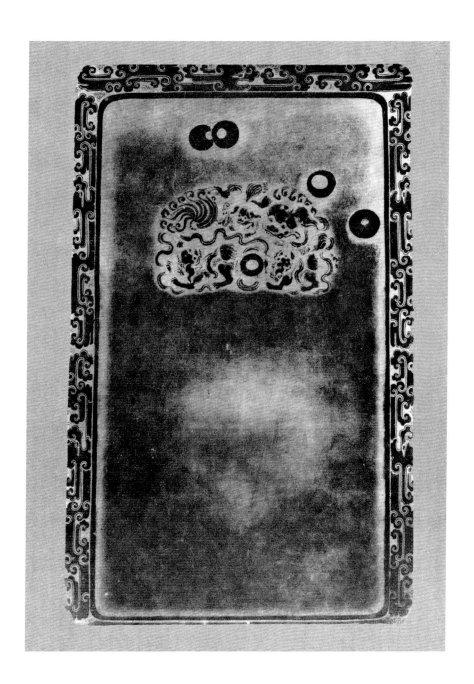

五星砚（正）

五星砚（背）

【文】

大象无形，大音希声，抱神以静，乃可以长生，吾守此砚而处其平，日游心于太清。

乙丑上元后五日，石门山人。

【印】

弢斋世昌。

云龙纹砚一（正、侧）

【文】

张文襄督粤，开水归洞，休文后人得此石剖为二。己未冬日并归羧斋，喜而识之。

云龙纹砚一（背）

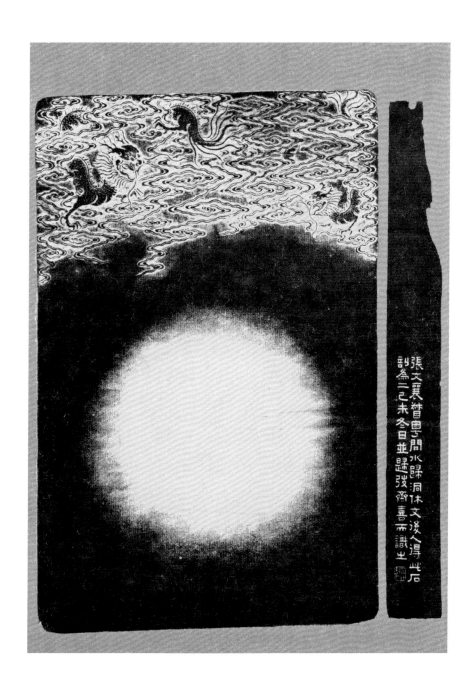

云龙纹砚二（正、侧）

【文】

张文襄督粤，开水归洞，休文后人得此石剖为二。已未冬日并归歔斋，喜而识之。

云龙纹砚二（背）

海天旭日云龙砚（正、侧）

【文】

水归洞三层石，砚辨所谓如初剥蕉心者，亦张文襄所凿。己未冬日，

羖斋。

海天旭日云龙砚（背）

麻姑仙坛记砚（正、侧）

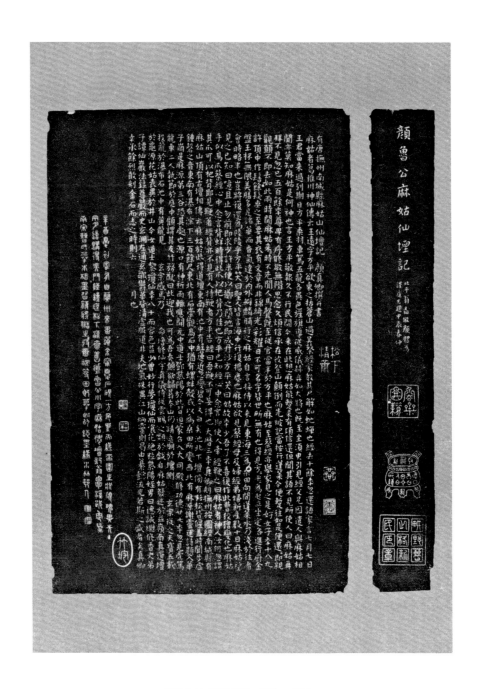

麻姑仙坛记砚（背、侧）

【文】

颜鲁公麻姑仙坛记。（略）

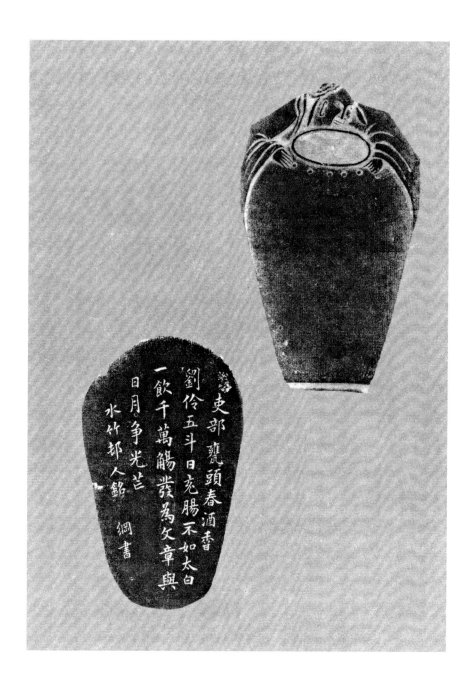

酒仙砚

【文】

　　吏部瓮头春酒香，刘伶五斗日充肠，不如太白一饮千万觞，发为文章，与日月争光芒。

　　水竹村人铭，纲书。

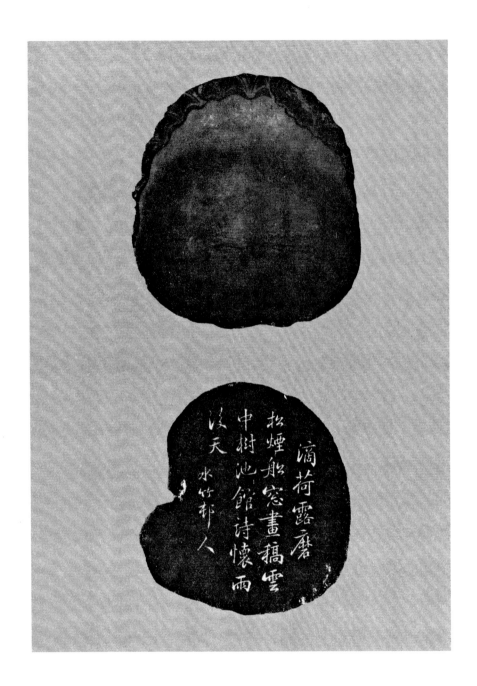

荷叶砚

【文】

滴荷露，磨松烟，船窗画稿云中树，池馆诗怀雨后天。

水竹村人。

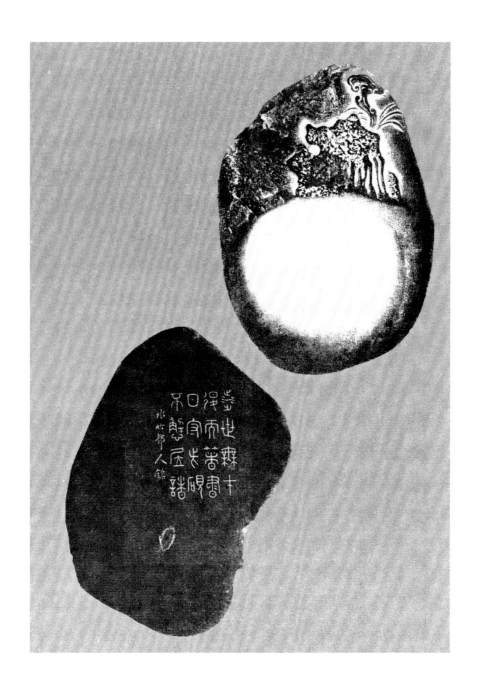

灵芝纹随形砚

【文】

涉世无才，退而著书，日守此砚，不懈居诸。

水竹村人铭。

瓦砚

【文】

铜雀之瓦，君子之砖，不如此石之润且坚。

水竹村人。

【印】

水竹村人。

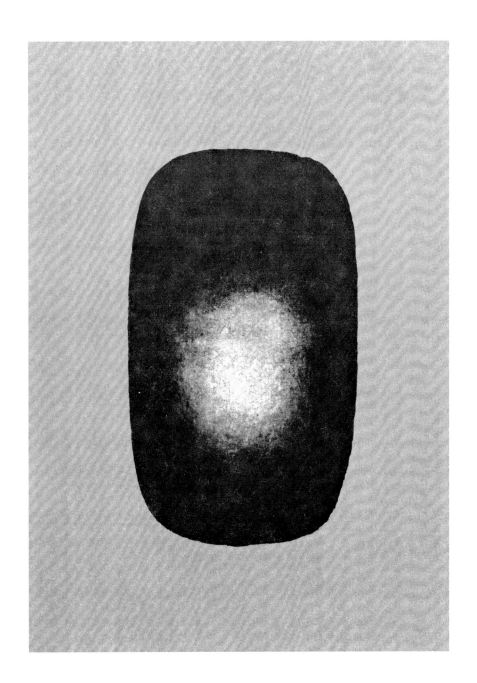

椭圆砚板一（正）

椭圆砚板一（背）

【文】

安如盘石平如砥，磨不磷兮涅不缁，日处文房伴君子。

石门山人。

【印】

退耕老人。

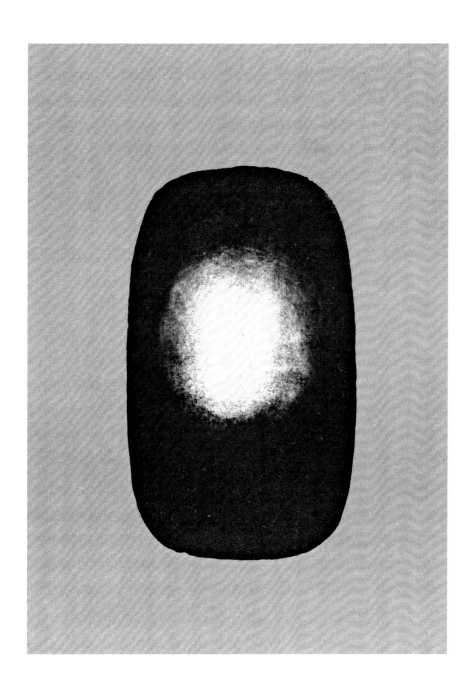

椭圆砚板二（正）

椭圆砚板二（背）

【文】

明道若昧，进道若退，和光同尘，知希我贵。

石门山人。

【印】

石门山人。

随形砚板一（正）

随形砚板一（背）

【文】

碧眼如僧，紫晕如蒸，惠州儋州之东坡，得之而喜不自胜。

水竹村人。

【印】

水竹村人。

寿桃砚（正）

寿桃砚（背）

【文】

开花结实三千年，东方曼倩来翩然，能文字者为神仙。

水竹村人。黟山黄石刻。

【印】

水竹村人。

弢园写诗砚（正）

弢园写诗砚（背）

【文】

小园开到牡丹时，曲榭深廊书日迟，数幅鸾笺三斗墨，紫藤花下写苏诗。

弢园写诗砚，水竹村人。

【印】

弢斋。

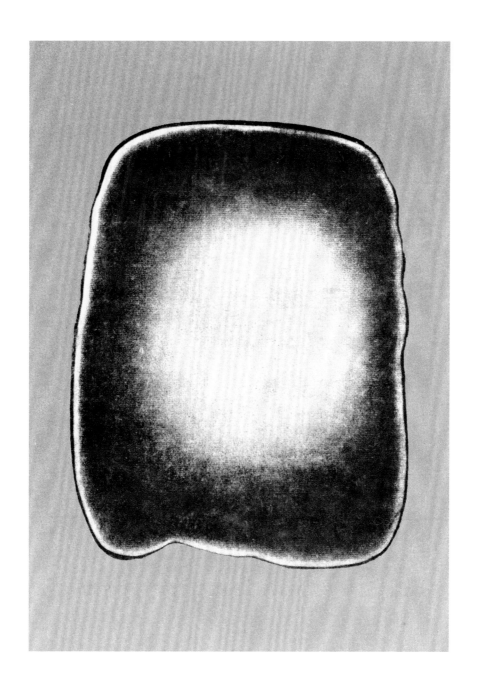

随形砚二（正）

随形砚二（背）

【文】

全汝形，抱汝生。无使汝思虑营营，庚桑以之告南荣，吾书之为研铭。
水竹村人。

【印】

鞠人。

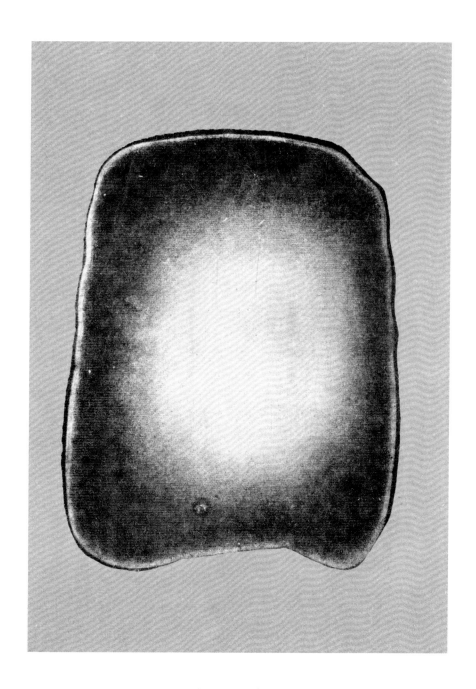

随形砚三（正）

随形砚三（背）

【文】

墨岭之高，笔峰之尖，来试太白栗冈砚，发为文章，如日月之经天。

弢斋。

【印】

昌。

云纹砚（正）

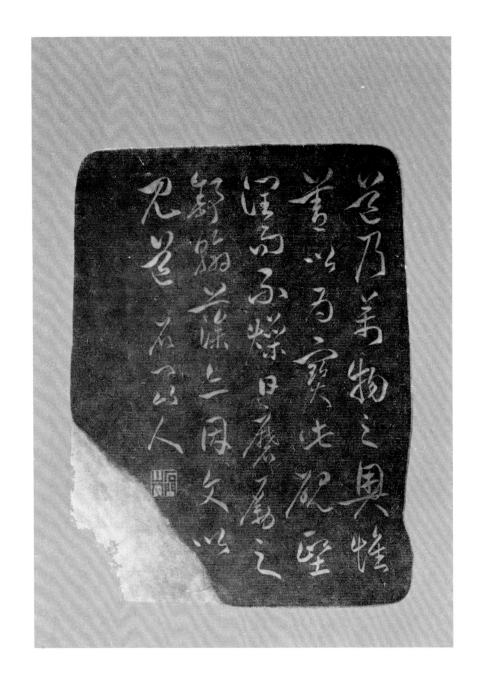

云纹砚（背）

【文】

道乃万物之奥，惟善以为宝。此砚坚润而不燥，日磨励之舒翰藻，亦因文以见道。

石门山人。

【印】

石门山人。

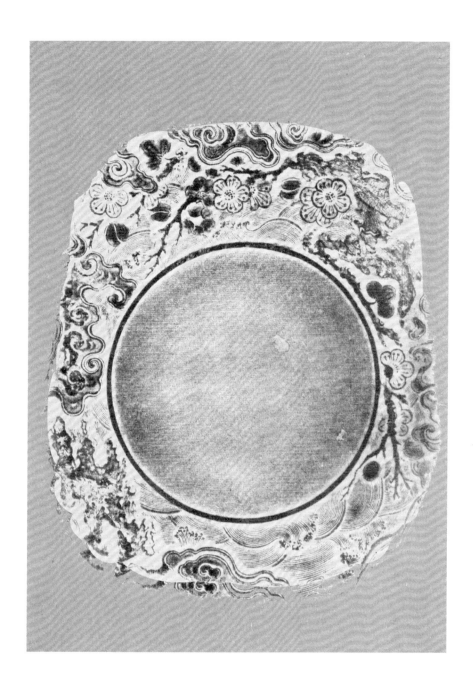

梅月砚（正）

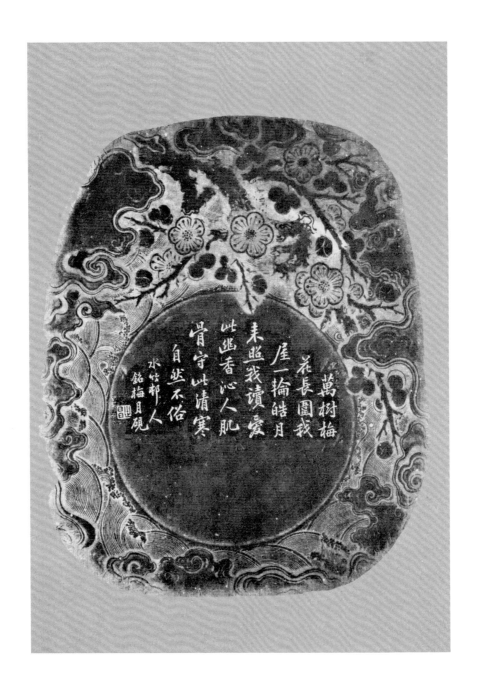

梅月砚（背）

【文】

万树梅花，长围我屋。一轮皓月，来照我读。爱此幽香，沁人肌骨。

守此清寒，自然不俗。

水竹村人，铭梅月砚。

【印】

世昌。

九星砚（正）

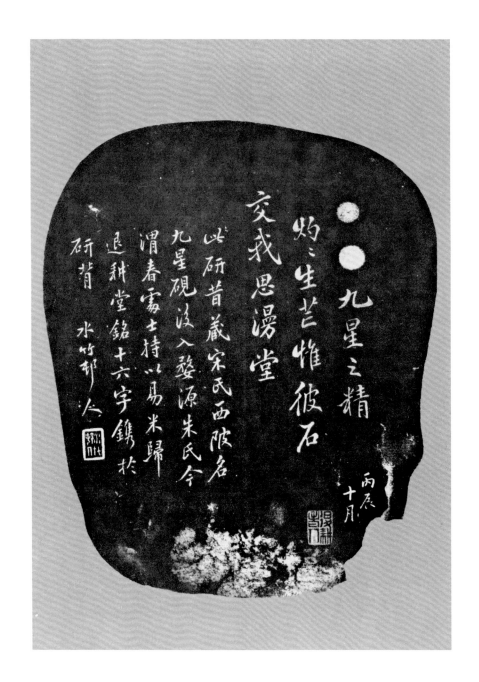

九星砚（背）

【文】

九星之精，灼灼生芒，惟彼石交，我思漫堂。

此砚昔藏宋氏西陂，名九星砚。后入婺源朱氏，今渭春处士持以易米，归退耕堂，铭十六字镌于研背。

水竹村人。丙辰十月。

【印】

水竹村人、退耕老人。

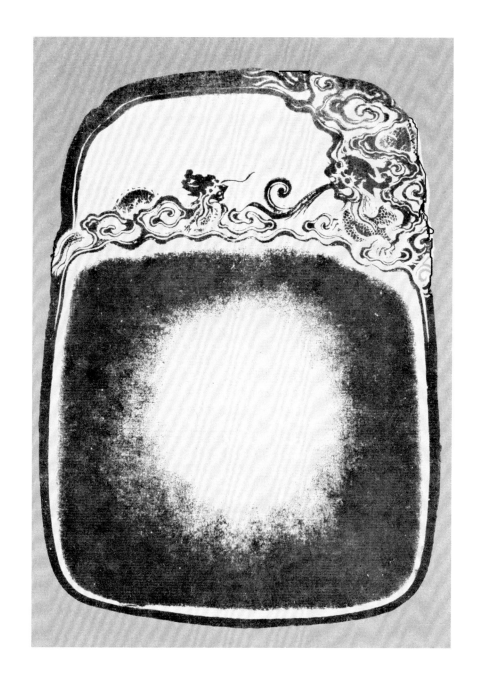

云海苍龙砚（正）

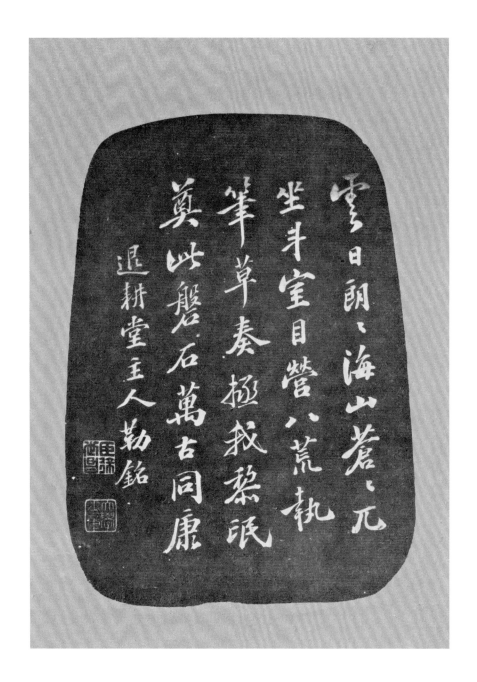

云海苍龙砚（背）

【文】

　　云日朗朗，海山苍苍。兀坐斗室，目营八荒。执笔草奏，拯我黎氓。奠此盘石，万古同康。

　　退耕堂主人勒铭。

【印】

　　臣徐世昌。

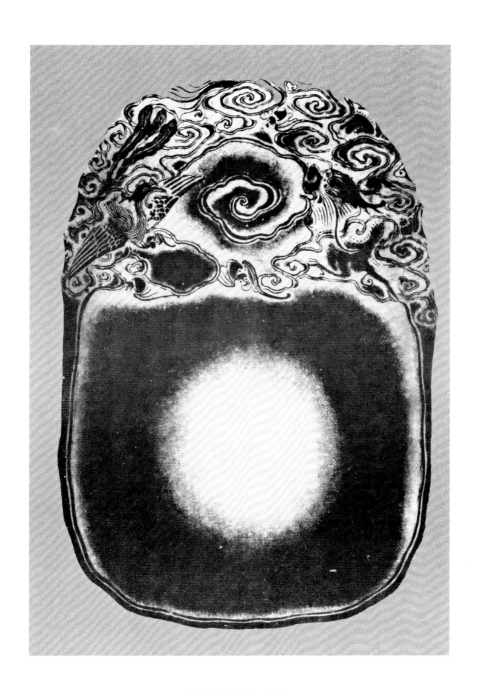

龙凤呈祥砚（正）

龙凤呈祥砚（背）

【文】

明窗大案，陈列笔砚。谈诗论画，昕夕不倦。卸却铁甲十万师，来写黄庭五千卷。

水竹村人铭，纲书。

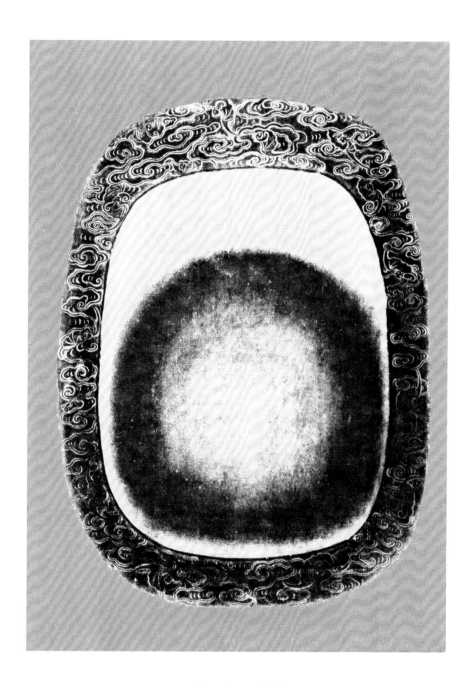

云纹长生砚（正）

云纹长生砚（背）

【文】

无一物是我之物，无一物非我之物。物来则应之，物去则听之。此砚不知经历几何人，亦不知为何人策笔墨之勋、效文字之灵，不如还之天地，仍与顽石同长生。

水竹村人铭。

【印】

水竹村人。

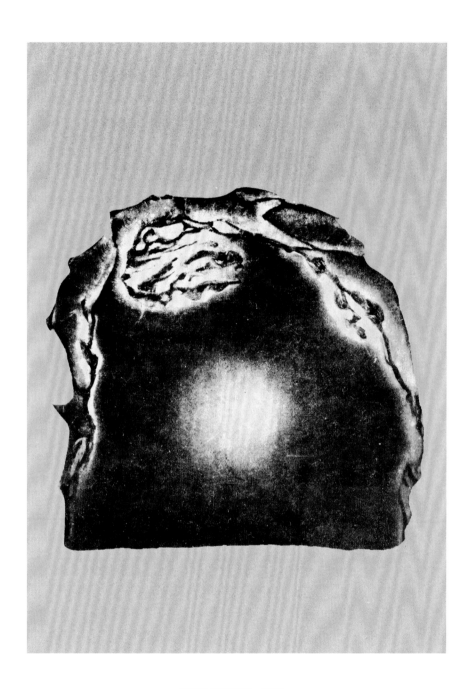

随形梅花砚（正）

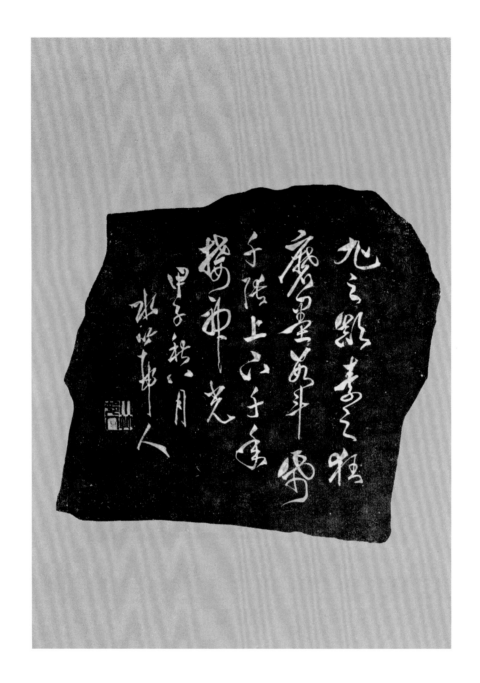

随形梅花砚（背）

【文】

旭之颠，素之狂，磨墨数斗纸千张，上下千年接神光。

甲子秋八月，水竹村人。

【印】

水竹村人。

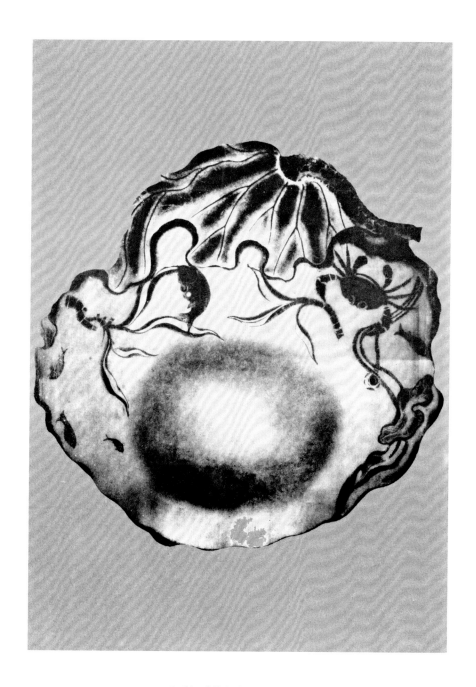

和谐（荷蟹）砚（正）

和谐砚（背）

【文】

郁溪绿石，何年制为砚，周尺直径二尺，围径七尺奇，明窗大案，安置妥帖平，纵笔挥洒无不宜，伯英大草舞龙蛇，嘉陵山水，墨气犹淋漓，或书或画，亦自有甘苦，试问此砚知不知。

水竹村人题，世纲书。

月池砚（正）

月池砚（背）

【文】

十龄小女喜文字，日弄笔砚不去手。学书初学卫夫人，他日当出右军右。

次女绪根之砚，退叟铭。

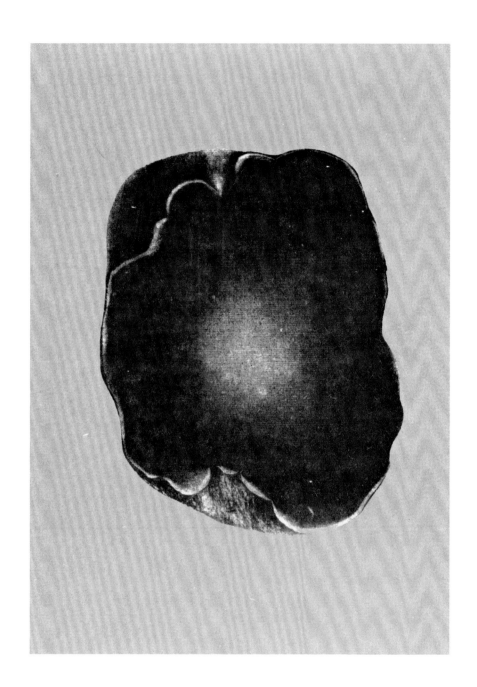

荷叶砚（正）

荷叶砚（背）

【文】

匣销匣铄，良金安可比其刚。不磷不缁，美玉庶可方其质。己卯仲冬金农写。

偶得此砚，背有冬心铭，五弟少笙谓非冬心手迹，欲去之，余曰：否。系以铭。

冬心之砚，非冬心有。冬心之铭，不欲去自吾手，起冬心而问之，愿结千古之金石友。

水竹村人铭，少笙书。

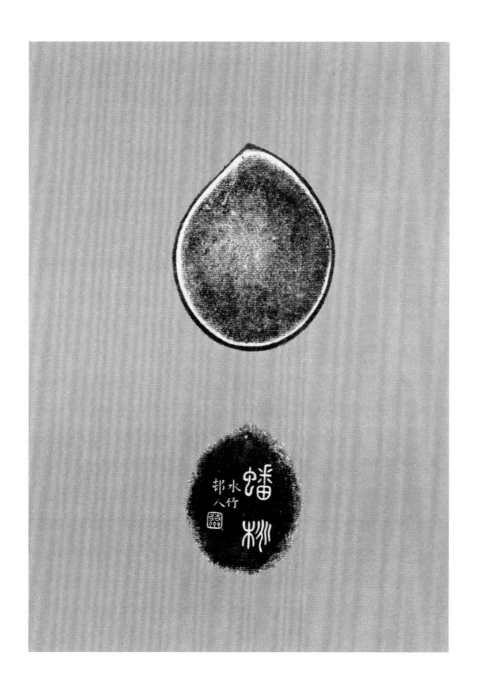

蟠桃砚（正、背）

【文】

蟠桃。水竹村人。

【印】

弢斋。

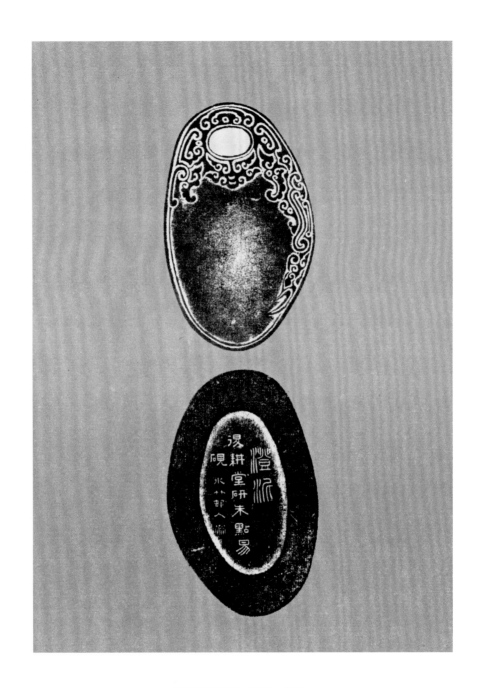

圆池澄泥砚（正、背）

【文】

澄泥。退耕堂研朱点易砚。

水竹村人。

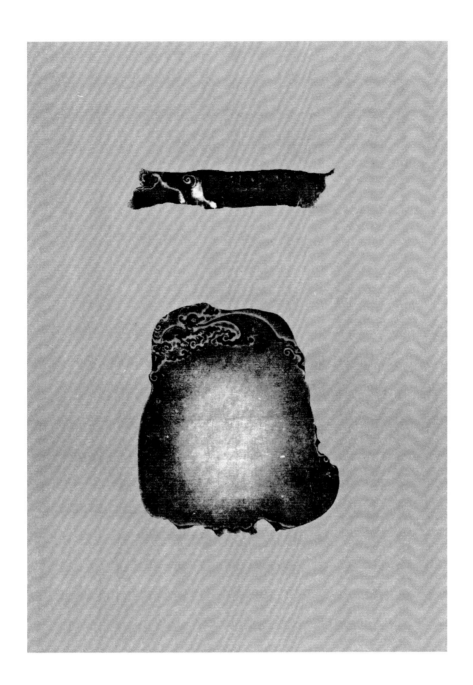

云龙砚（正、侧）

云龙砚（背、侧）

【文】

水竹村人。

退耕堂藏。

【印】

徐。

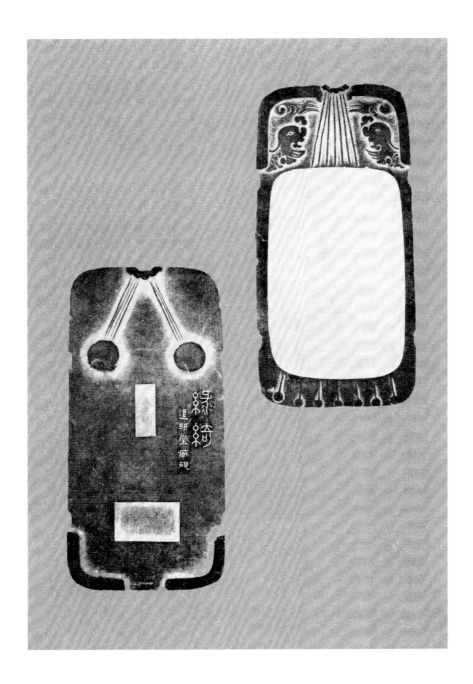

双龙纹七弦砚

【文】

绿绮。退耕堂藏砚。

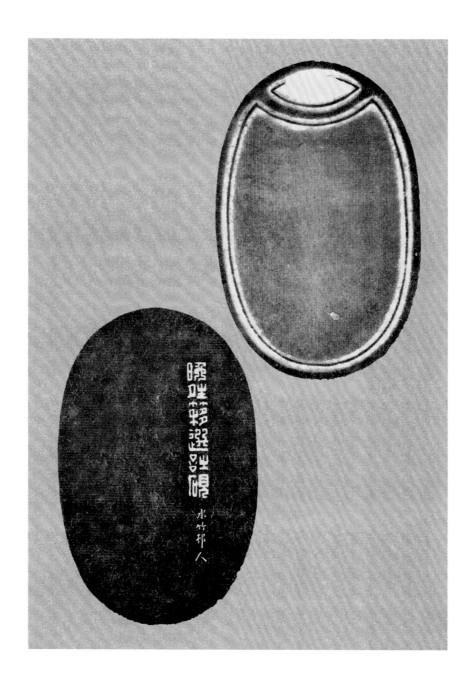

晚晴簃选诗砚

【文】

晚晴簃选诗砚。水竹村人。

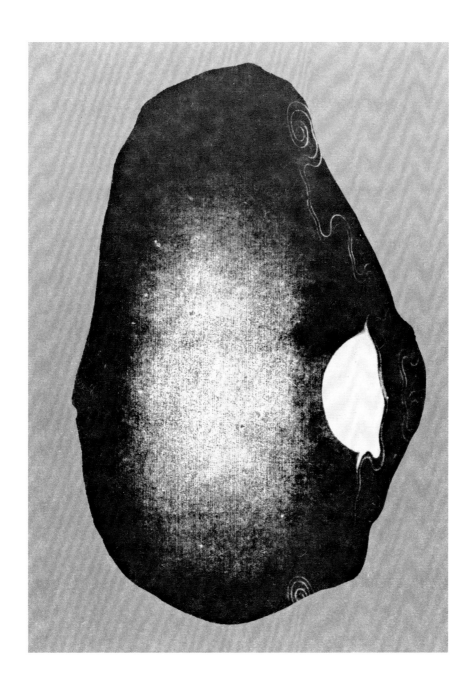

流云吐月砚（正）

流云吐月砚（侧）

【文】

流云吐华月。

退耕堂藏龙尾坑金星石砚。

阮元铭文砚（正）

【文】

（道）光廿年二月廿日，应茶隐遂至（桂）树庵访胜量和尚。看竹吃茶，□听其桂树庵弹琴，归而以端溪璞石砚捐置竹林深处，当久远也。阮元时年七十有七。

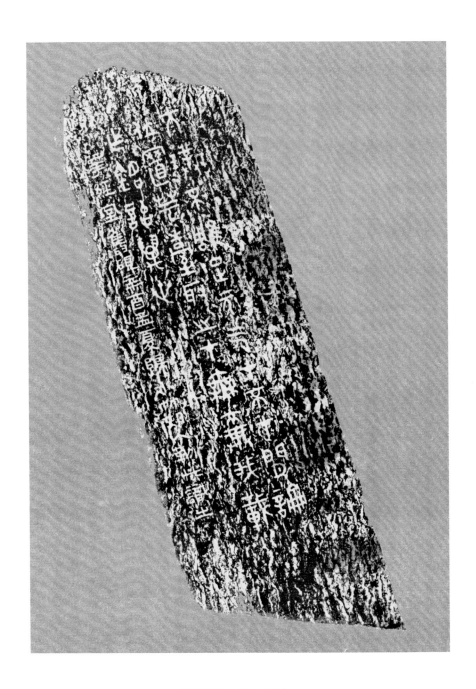

阮元铭文砚（侧）

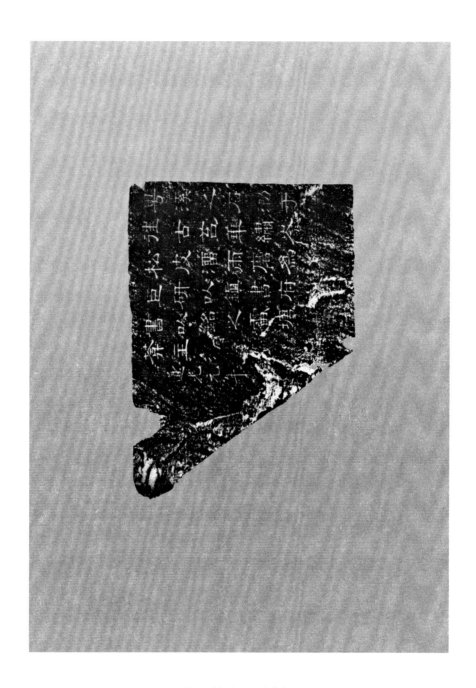

阮元铭文砚（背）

【文】

粤溪之石，泐于往古，苔华绣岑，松皮溜雨，磨为巨研以镇书府，书以铭之，雷塘庵主。

道光元年。

门字形长方砚（正）

门字形长方砚（背）

【文】

水竹村人。

【印】

世昌。

淌池砚（正）

淌池砚（背）

【文】

水竹村人。

【印】

世昌。

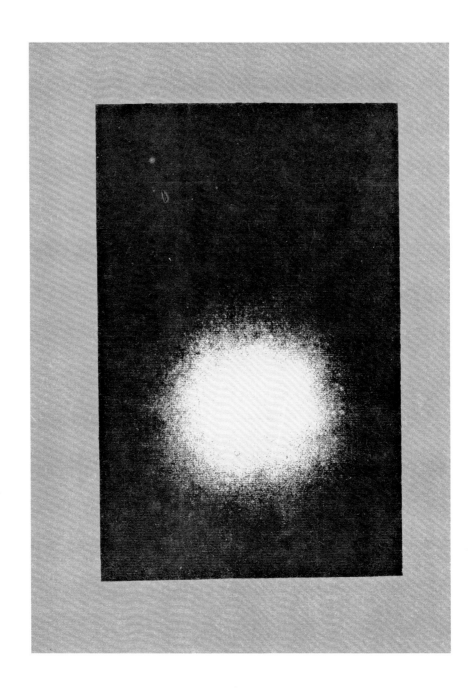

梅花板砚一（正）

梅花板砚一（背）

【文】

水竹村人。

【印】

弢斋。

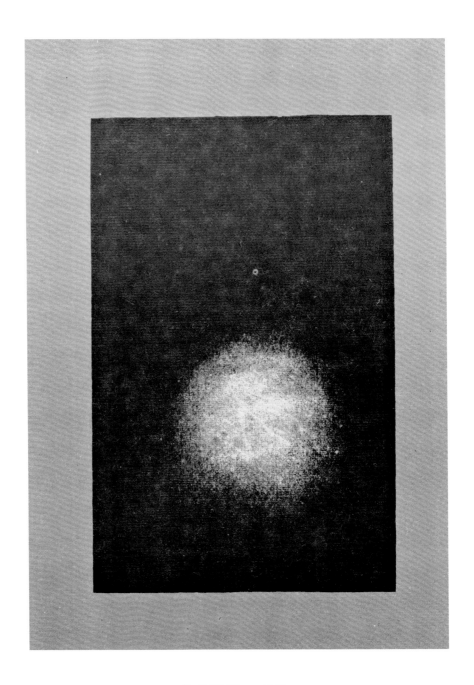

梅花砚板二（正）

梅花砚板二（背）

【文】

水竹村人。

【印】

弢斋。

梅月砚（正）

梅月砚（背）

【文】

水竹村人。

【印】

弢斋。

五福（蝠）砚（正）

五福（蝠）砚（背）

【文】

水竹村人。

【印】

弢斋。

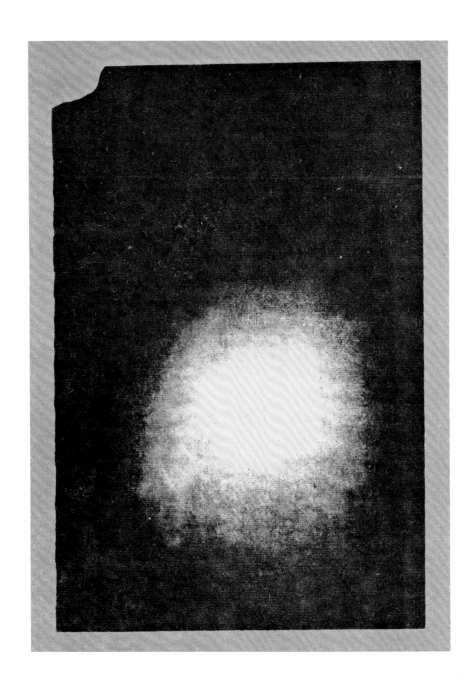

梅花砚板三（正）

梅花砚板三（背）

【文】

案头破砚留余墨，画出梅花分外香。水竹村人。

【印】

水竹村人。

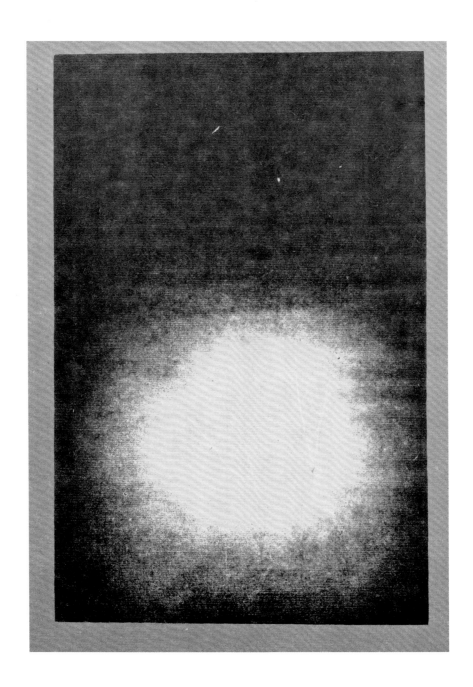

梅花砚板四（正）

梅花砚板四（背）

【文】

一幅剡藤三斗墨，小窗春月写梅花。水竹村人。

【印】

水竹村人。

二龙戏珠砚一（正）

二龙戏珠砚一（背）

【文】

水竹村人。

【印】

弢斋。

二龙戏珠砚二（正）

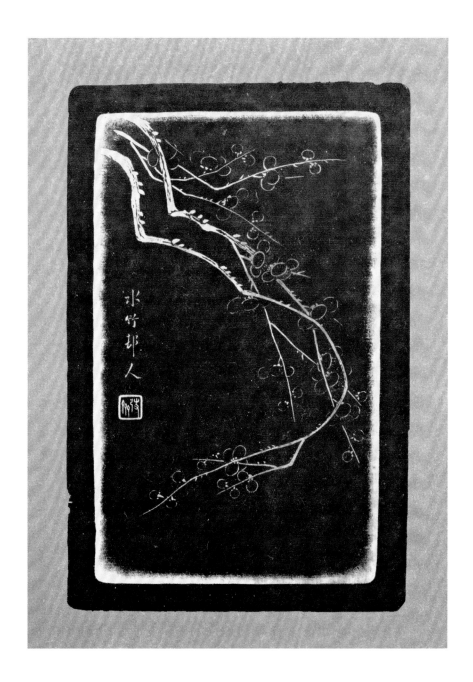

二龙戏珠砚二（背）

【文】

水竹村人。

【印】

弢斋。

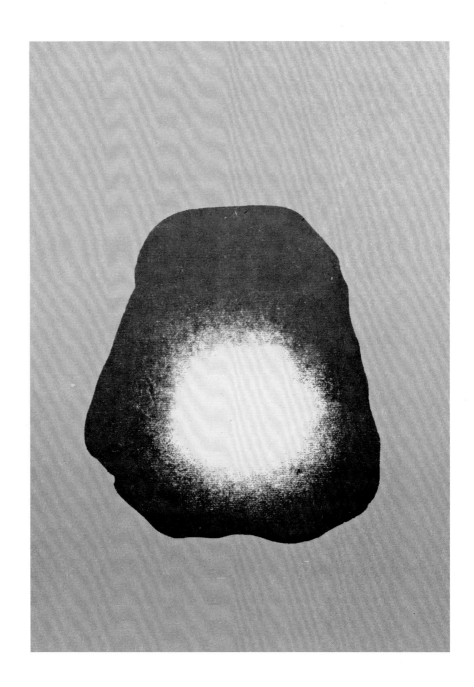

云梅纹随形砚（正）

云梅纹随形砚（背）

【文】

水竹村人。

【印】

水竹村人。

叶池枇杷纹砚（正）

叶池枇杷纹砚（背）

【文】

水竹村人。

【印】

弢斋。

江村。

退耕堂写诗砚

【文】

隋文选楼子孙永宝用之。退耕堂写诗研。水竹村人。

【印】

臣伯元印、阮氏珍藏。

【文】

气如白虹，天也。精神见于山川，地也。世上莫不觉者，道也。乙酉清和月朔，江村高士奇铭。

【印】

江村。

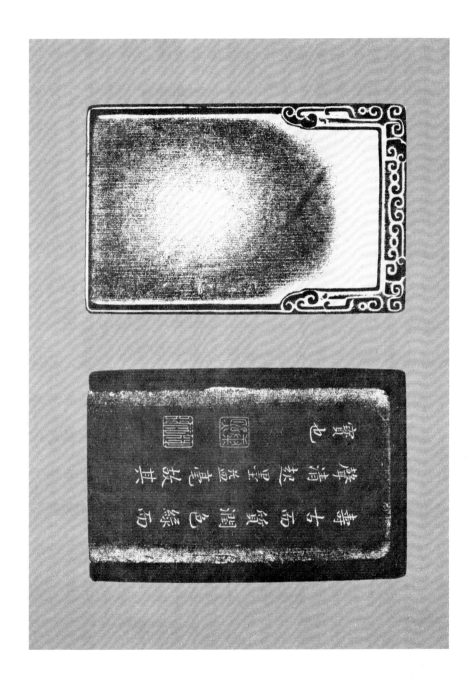

御铭砚

【文】

寿古而质润，色绿而声清，起墨益毫，故其宝也。

【印】

康熙御锈。

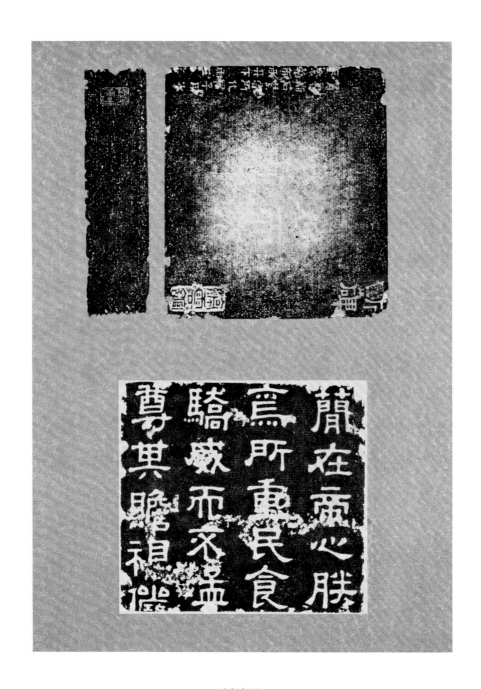

断碑砚

【文】

断碑。

【印】

亭云馆。

【文】

简在帝心，朕为所重民食，骄威而不孟，尊其瞻视俨。

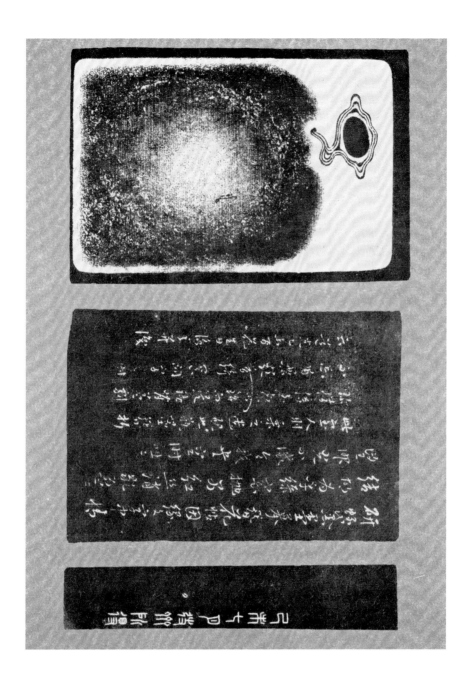

慧眼识珠砚

【文】

乙未七月羧斋所得。

研螺黛墨, 摹簪花帖, 因缘文字中, 情结胡为乎。绿窗抛别, 红丝消歇。盈盈望眼光不灭, 令我书空时咄咄。

此室人则柔之遗砚也, 瓶堕簪折, 珍惜倍至, 系以铭而镂诸背, 盖剧不忘, □□□□绮窗问字之时云。

道光乙未百花生日咏之并识。

右座器铭文砚（正、侧）

【文】

右座器铭释文。

孔子观于周太庙，有欹器焉，孔子问守庙者曰："此为何器？"对曰："盖为右座之器。"孔子曰："吾闻右座之器，满则覆，虚则欹，中则正，有之乎？"对曰："然。"孔子使子路取水而试之，满则覆，中则正，虚则欹。孔子喟然叹曰："呜呼，恶有满而不覆者哉。"子路曰："敢问持满有道乎。"孔子曰："高而能下，满而能虚，富而能俭，贵而能卑，智而能愚，勇而能怯，辨而能讷，博而能浅，明而能暗，是谓之。损而不极，能行此道，惟至德者及之。《易》曰：'不损而益之，故损；自损而终，故益。'"王澍书。

【印】

退耕堂藏砚。

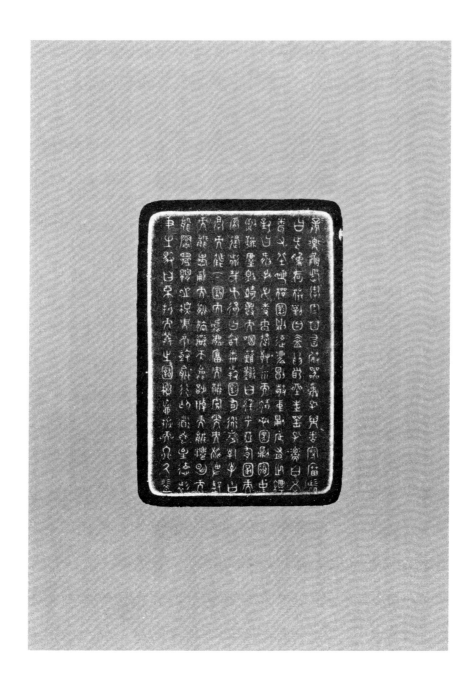

右座器铭文砚（背）

竹垞铭文砚（正）

【文】

竹垞朱氏第六砚，子子孙孙永宝用。

竹垞铭文砚（背）

【文】

曝书亭砚为水竹村人所得。

【文】

此地有崇山峻岭，茂林修竹，又有清流激湍，映带左右，引以为流觞曲水，列坐其次。虽无丝竹管弦之盛，一觞一咏，亦足以畅叙幽情。是日也，天朗气清，惠风和畅。录《兰亭序》。

【印】

永建元年。竹、垞。

【文】

义以方外，介石之贞，比德如玉，其道先亨，端人正士，是用有成。
竹垞主人作于滇南宜园轩。

松寿万年砚（正）

松寿万年砚（背）

【文】

追琢他山石，方圆一勺深。抱真唯守墨，求用每虚心。波浪因文起，尘埃为废侵。凭君更研究，何啻直千金。

嘉靖四年二月，鹿原估。

冰玉道人砚（正、侧）

【文】

冰玉道人珍玩。

【印】

弢斋藏砚之一。

冰玉道人砚（背）

冰玉道人砚盒盖

【印】

怡府世宝。

冰玉道人砚盒底

【印】

冰玉主人珍玩。

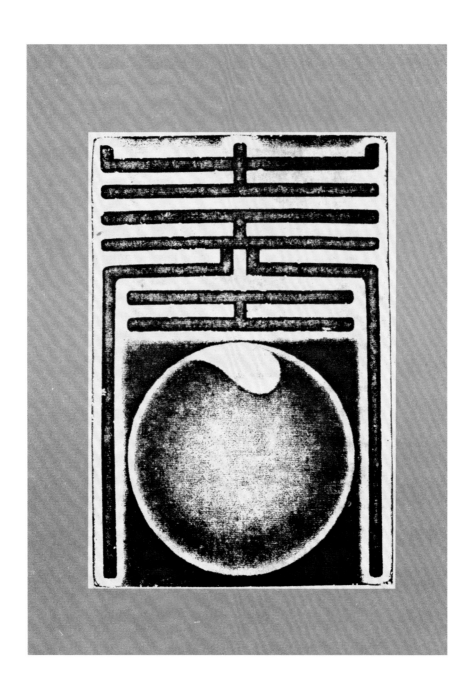

太极砚

佛手砚

【文】

莫介于石，莫贞于珉，凤池掞藻，磨而不磷。

戊子秋肇青铜主人制。

云龙纹对砚一（正）

云龙纹对砚一（背）

【印】

弢斋。

云龙纹对砚二（正）

云龙纹对砚二（背）

【印】

弢斋。

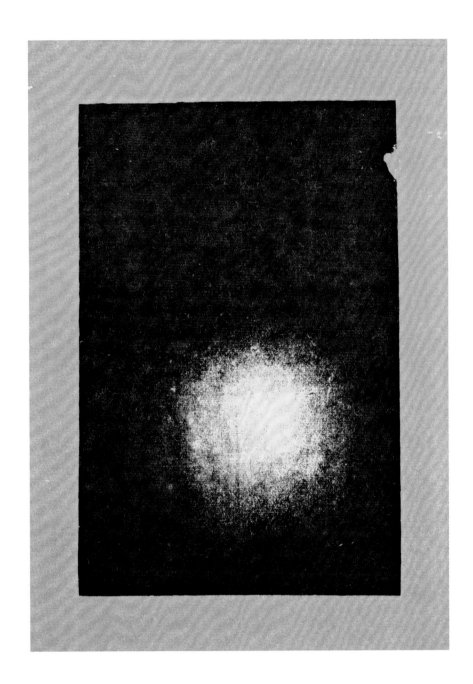

端溪砚坑图砚（正）

端溪砚坑图砚（背）

【文】

端溪砚坑图。自洞门起丈余至模胸石，又二丈五尺，至梅花椿，又十五丈余至楼脚，又四丈余至凸蓬，又四丈余至正洞，计自洞门起至正洞止，约长二十八丈余，高下亦同。过梅花椿西折至东洞约长二十余丈，东折至小西洞亦长二十余丈，由凸蓬东折至大西洞约长三丈五尺一，路高止三尺，阔止三四尺。工人引水盘石俱坐，而施功不能起立，每隔三尺坐引水工人一名，须至八十余人方到大西洞底。（略）

退耕堂藏砚。

【印】

水竹村人。

太史砚（正、侧）

【文】

至元四年春二月廿五日，奎章阁学士院鉴书博士柯九思曾观。

【印】

柯九思印、柯氏敬仲。

太史砚（背、侧）

【文】

石中之华，湿润无瑕，墨池雾起，变化龙蛇。永贞乙酉铭。

【印】

奎章阁宝。

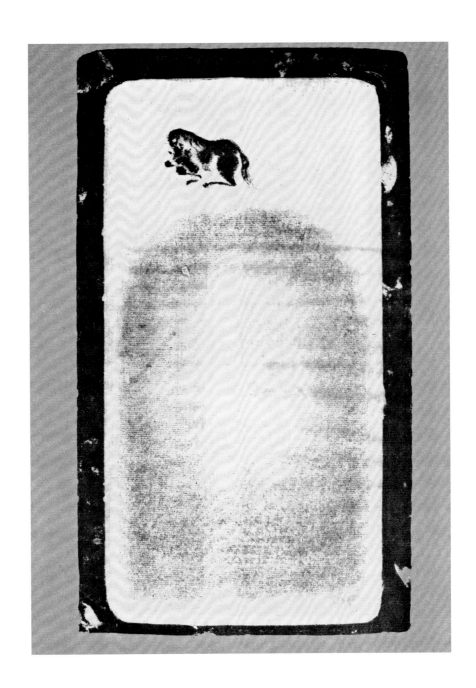

天马卧池砚（正）

天马卧池砚（背）

【文】

天马来兮从西极，经万里兮归有德，承灵威兮降外国，涉流沙兮四夷服。

三桥书。

百尺梧桐阁珍藏。

【印】

业书楼。

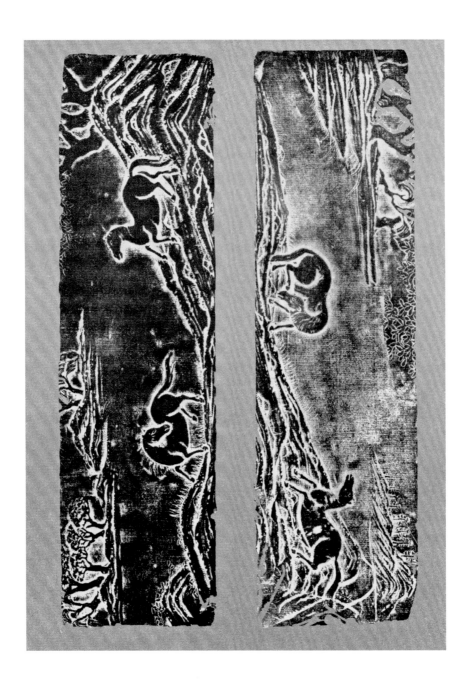

天马卧池砚（侧）

天马卧池砚（前、后）

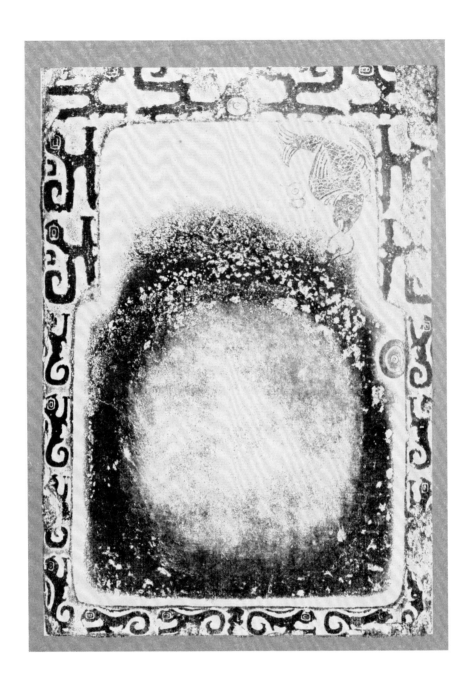

鱼吞墨砚（正）

鱼吞墨砚（背）

【文】

池豪称墨，海甸壑龙。

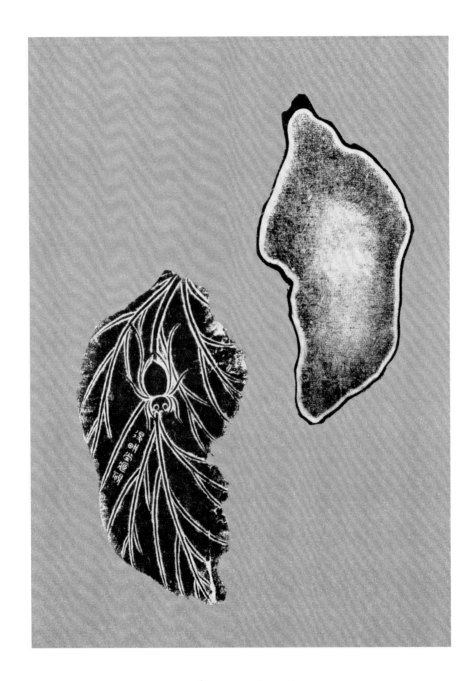

一叶（夜）成名砚

【文】

退耕堂藏砚。

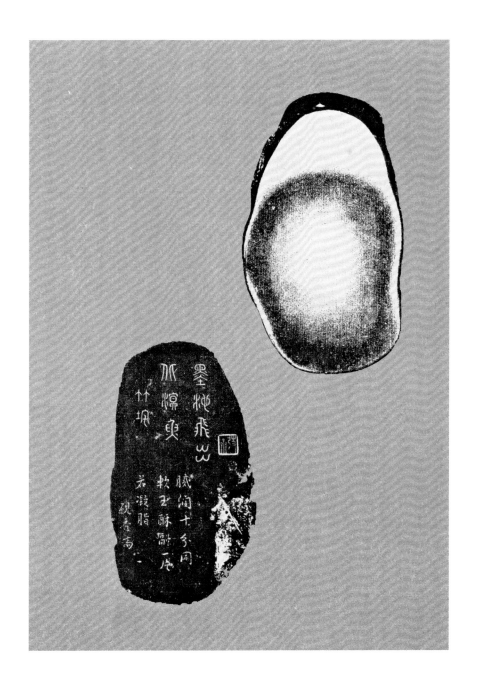

鱼翔墨池砚

【文】

墨池飞出北溟鱼。竹垞。

腻润十分同软玉，酥融一片若凝脂。砚香斋。

【印】

弢斋。

荔子砚（正）

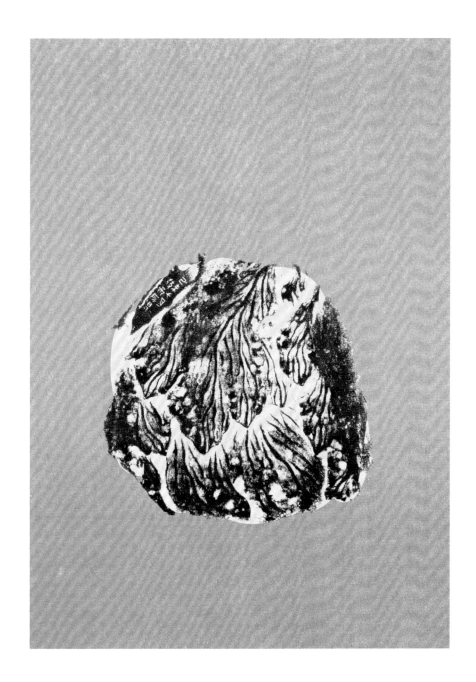

荔子砚（背）

梅花随形砚（正）

【文】

乾。

梅花随形砚底盒

【印】

平安馆藏。

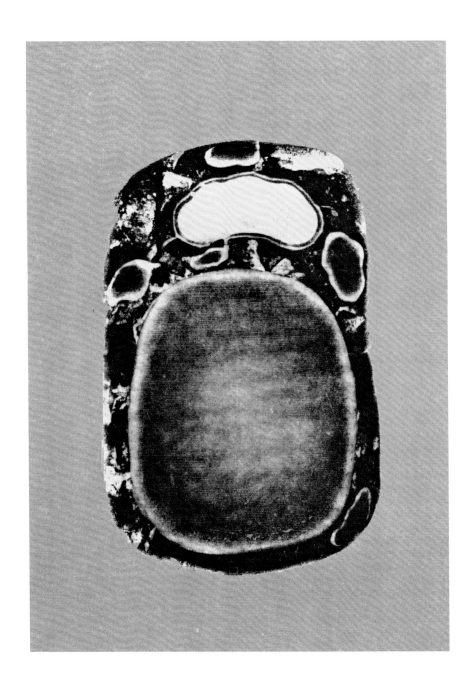

仔石蚕池砚（正）

仔石蚕池砚（背）

【文】

　　岳翁常宝翠涛石，今我过珍翠涛砚，翠涛沄沄生谷纹，云章龙父发奇变。

　　清秘阁藏砚。

回纹风字砚（正）

回纹风字砚（背）

【文】

眠守黑，雄尚元，汝兼之，以永年，同治庚午七月。㧑叔。

退耕堂藏。

【印】

之谦。

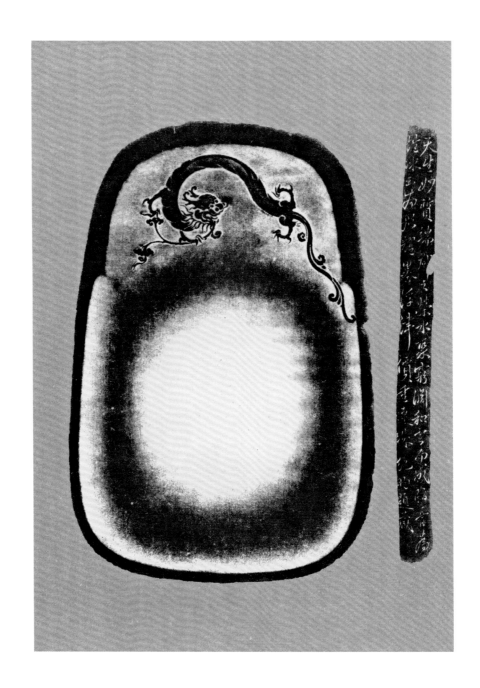

飞龙对砚一（正、侧）

【文】

天生妙质，端郡之荣，水聚穷渊，和云而成，脂膏为性，冰玉为形，耀墨浮津，价重连城。纪昀题藏。

飞龙对砚一（背、侧）

【文】

嘉庆戊午冬钱塘黄易观。

【印】

鞠人。

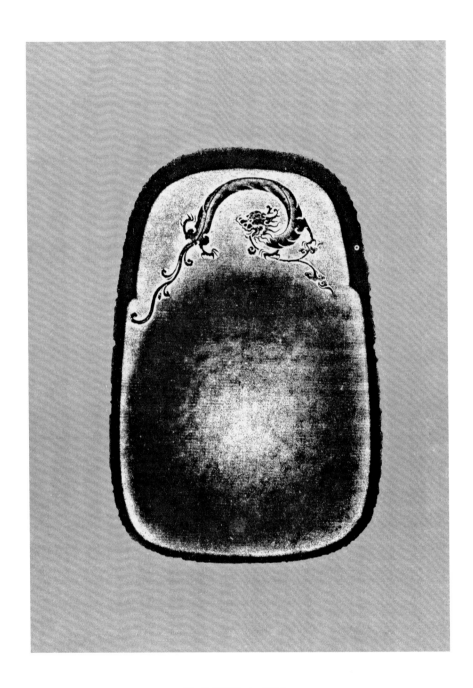

飞龙对砚二（正）

飞龙对砚二（背、侧）

【文】

乾隆辛卯四月，南斋马曰璐观。

羚岩毓秀江之滨，探从水穴搜贞珉，中有玉冻如白云，观兹双璧何异乎楚廷之珩垂棘之珍。纪昀铭。

【印】

弢斋。

玉兰堂砚（正、侧）

【文】

山川兰气。

停云。

玉兰堂砚（背、侧）

【文】

玉兰堂藏。

□片石神剖轮囷，离奇□用磨珑乎，榴皮苔帚目纵横，墨池浪起云空走，研兮砚兮吾当与尔常相守。徵明。

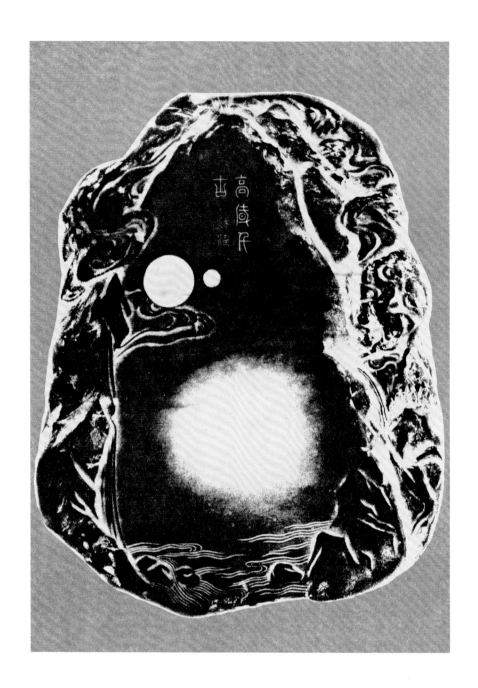

日月同辉砚（正）

【文】

高风千古。

日月同辉砚（背）

【文】

守其静也如仁，而动则惟水。扩其动也如知，而静则惟山。得仁知之乐者，善其用于山水之间。壬辰长至，吴秉钧铭。

庚申季冬归于退耕堂。

个是苏公赤壁，千古英雄陈迹。聊供几案卧游，珍重端溪片石。固斋高兆。

【印】

山阴吴氏珍玩、琰、青。

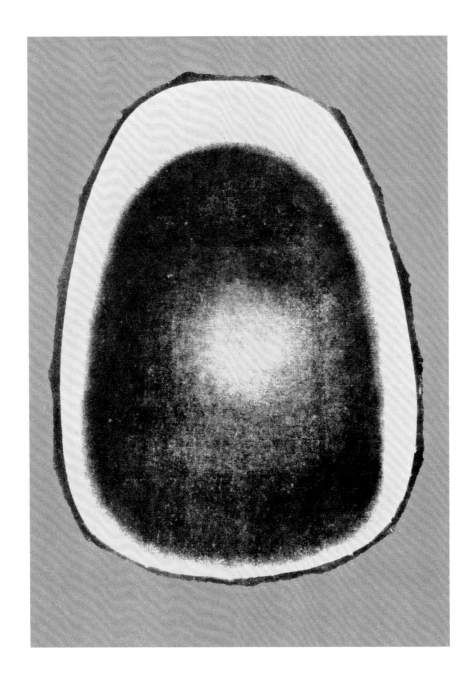

金农肖像砚（正）

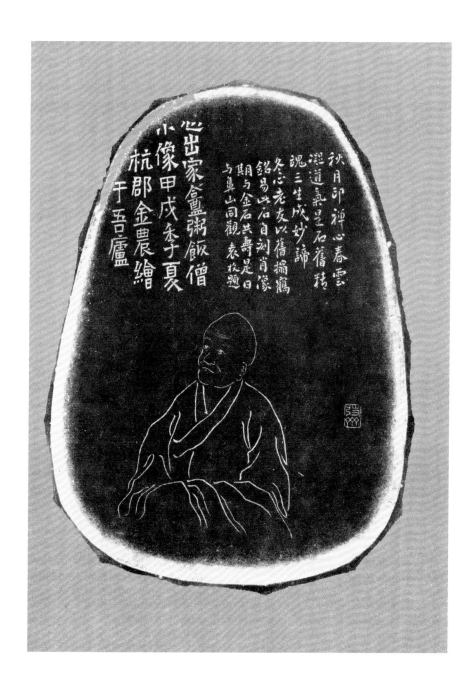

金农肖像砚（背）

【文】

秋月印禅心，春云凝道气，是石旧精魂，三生成妙谛。冬心老友，以旧拓鹤铭易此石，自刻肖像，期与金石共寿，是日与鼻山同观。袁枚题。

心出家庵粥饭僧小像，甲戌季夏杭郡金农绘于吾庐。

【印】

羧斋。

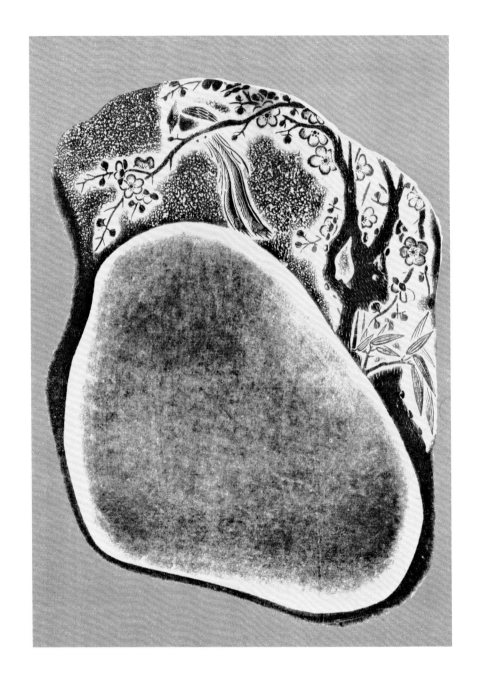

凤栖梅花砚（正）

凤栖梅花砚（背）

【印】

石门山人。

大富阳砖砚

【文】

大富阳。

退耕堂藏，水竹村人。

宋泰砖砚

【文】

宋泰始五年太岁已酉宜都夷道何为天人桑氏神墓。

【印】

水竹村人所藏。

大吉阳砖砚

【印】

退耕堂藏。

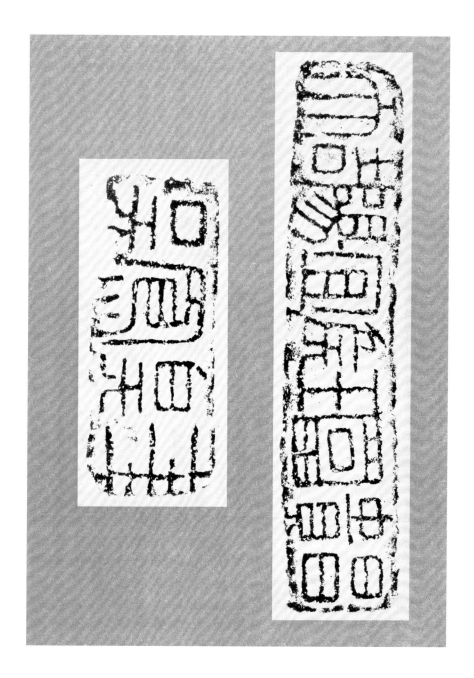

大吉阳砖砚（侧、前）

【文】

大吉阳宜侯王富贵昌。

吴凤皇年。

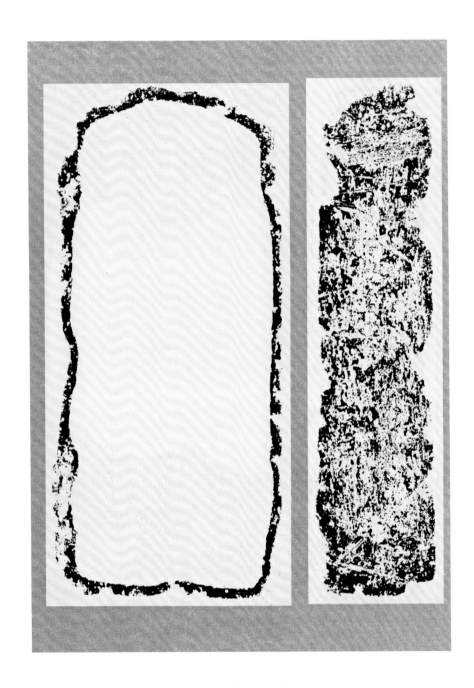

古砖砚（正、侧）

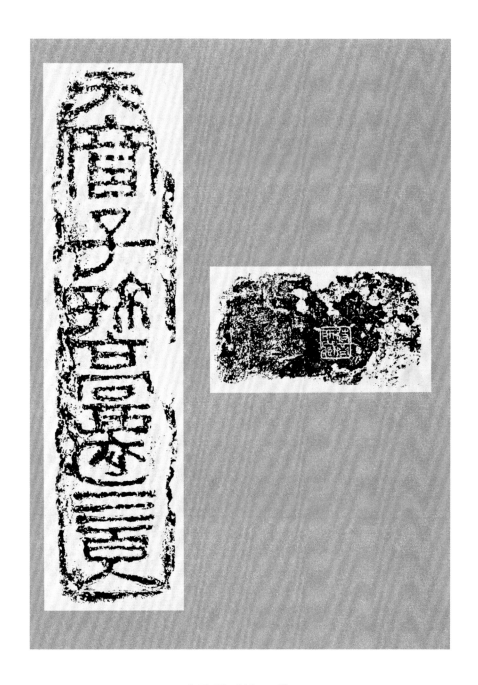

古砖砚（侧、后）

【文】

大富子孙高迁三更。

【印】

弢斋所藏。

后 记

　　《砚谱卷》是《中华砚文化汇典》的重要组成部分。编辑出版本卷的主要意义在于传承中华砚台传统文化，让研究砚学的人和砚台收藏者从古砚谱中了解古砚、认识古砚，并从古砚的铭文中得到滋养，让从事制砚和拓印的艺人从中领略古籍中制砚和拓印的艺术神韵，将传统文化和制作技艺传承下去、发扬开来，让后人从中认识到砚文化的博大精深，把这一中华传统文化瑰宝继承好、传承好，让它历劫难而不衰，传万世而不休。以期达到对古籍的修缮目的，从而增加了《中华砚文化汇典》的历史价值。相信这些谱书的出版，一定会增加社会对古砚鉴赏的兴趣，提高全社会制作砚艺的水平及制拓技术，推动砚台收藏再上一个新台阶，也为教师学者及古砚研究院系和机构提供一份较为完整的古砚谱系资料，为中华传统文化的传承及中华砚艺的发扬光大做出力所能及的贡献。

　　在《砚谱卷》编辑过程中，我们本着如实并客观反映古典砚著的原则，均是按原本影印。但为了方便读者阅读及砚文化传播，就砚铭在参考吸收近年新出版的砚谱和社会对砚铭研究成果的基础上，进行了一些释文标注。编辑出版《砚谱卷》是一项系统复杂的过程，实际操作难度较大。我们按照编辑工作的总体要求，编辑工作组查阅大量古砚书籍，走访知名专家、学者，结合古砚、铭文、书法、古文字，以及现代砚谱研究的最新成果，都反复进行了校阅，力争在释文翻译过程中，既尊重原作的作品释义，又能让现代人在阅读理解上能深切感受原作的意境。尤其是本卷主要负责人火来胜同志，对每一谱文的释义都进行反复研究、查阅，在身体抱恙的情况下，仍按时完成了书籍的整理工作。在审核图片文字的工作中，著名砚台学者胡中泰、王文修都给予了大力帮助，提出很多重要的修改意见；曹隽平、欧忠荣、郑长恺、高山、刘照渊等书法、篆刻和文字专家积极帮助释文校对。同时，编辑组在校勘过程中认真吸收参考了王敏之编著的《纪晓岚遗物丛考》和上海书店出版社的《沈氏研林》等书籍。因古代的印刷技术有限，我们现在看到的谱书图片并不清楚，人民美术出版社在图片翻印过程中，也反复拍摄、扫描，做了大量技术工作，力求图片清晰、美观。在此对为出版《砚谱卷》系列书籍给予指导帮助的领导、专家和工作人员，一并表示感谢。

仅此也因编辑整理者水平所限，错误在所难免，敬请广大读者提出意见。

《砚谱卷》编辑组
2020 年 10 月

图书在版编目（CIP）数据

中华砚文化汇典. 砚谱卷. 归云楼砚谱新编 / 中华
炎黄文化研究会砚文化工作委员会主编. -- 北京：人民
美术出版社, 2021.3
ISBN 978-7-102-08090-1

Ⅰ. ①中… Ⅱ. ①中… Ⅲ. ①砚－文化－中国 Ⅳ.
①TS951.28

中国版本图书馆CIP数据核字(2020)第078258号

中华砚文化汇典·砚谱卷·归云楼砚谱新编
ZHONGHUA YAN WENHUA HUIDIAN · YANPU JUAN · GUIYUNLOU YANPU XIN BIAN

编辑出版　人民美术出版社
　　　　　（北京市朝阳区东三环南路甲3号　邮编：100022）
　　　　　http://www.renmei.com.cn
　　　　　发行部：（010）67517601
　　　　　网购部：（010）67517743
校　　勘　火来胜　王文修
责任编辑　潘彦任
装帧设计　翟英东
责任校对　魏平远
责任印制　夏　婧
制　　版　朝花制版中心
印　　刷　鑫艺佳利（天津）印刷有限公司
经　　销　全国新华书店

版　次：2021年4月　第1版
印　次：2021年4月　第1次印刷
开　本：889mm×1194mm　1/16
印　张：16.25
ISBN 978-7-102-08090-1
定　价：368.00元
如有印装质量问题影响阅读，请与我社联系调换。（010）67517602